JN058846

例題練習で身につく

技術士第二次試験「機械部門」論文の書き方

福田 遵【監修】 大原良友【著】

日刊工業新聞社

はじめに

私がはじめて技術士試験の受験参考書を出版したのは、平成19年度に試験制度が大幅に変更となり、その年の第二次試験受験者向けに「機械部門の対策と問題予想」に関する内容を紹介したもので、今回の監修者である福田遵氏との共著でした。そのきっかけは、それまで添削講師をしていた大手通信教育会社の技術士試験講座が閉鎖となり、その講座用のテキストや練習問題を作成していたのですが、これらの財産を譲渡していただき活用したいと考えたためです。これも福田氏から勧められてのことでした。

その後も幾つかの受験参考書を福田氏との共著で出版しましたが、この度、福田氏の代表作ともいえる『例題練習で身につく技術士第二次試験論文の書き方』（以下原著）の機械部門に特化した書籍を出版することになりました。（機械部門に特化しない共通の部分については、福田氏の原著から引用あるいは転載している部分が多くあります。ご容赦ください。）

その理由は、機械部門の受験者の減少と合格率の低下をどのようにしたらとどめることができるのか、また、多くの機械技術者に技術士になってもらいたいと考えたためです。機械部門では、令和元年度までは受験者は1,000人以上で、合格率は対受験者数比で20％を超えていて、技術士第二次試験の技術部門の中では高い合格率でした。それが、ここ数年は受験申込者数が1,000人を割る状況となり、対受験者数比の合格率は20％を下回る状況が続いています。少し古いデータですが、日本機械学会誌の2003年2月号に「機械技術者が今後取得したい資格のアンケート結果」が記載されていますが、断然トップで技術士になっていました。現在もそのような傾向にあると推察しますが、難しすぎるから受験をあきらめている方々が沢山いるのではないかと思っています。

それは、技術士になりたいという気持ちはあるが、技術士第二次試験の過去問題を見て合格するような答案が作成できない、と考えたためではないでしょうか。確かに、技術士第二次試験を受験する方は、単なる知識のみでは不十分で、日頃の業務で直面する問題点や課題に対応する応用能力と問題解決能力が求められます。また、答案を作成するには、それなりの勉強が必要となります。私は、日常行っている業務に工夫する努力をして、加えて、答案を作成する練習をすれば必ず技術士第二次試験に合格できるようになる、と考えています。長年にわたって機械部門の技術士受験指導をしていますが、受験者自身が「技術士になりたい」という意志がある方は、人によって合格までの年数には差異がありますが、皆さん合格しています。その手助けを受験指導講座で行っていますが、そのような講座に参加する時間がない、あるいは参加したくない、という方々のために本著を出版しようと考えました。

本著の目的と特徴ですが、福田氏が原著の「はじめに」で述べている内容の一部分を引用させていただくと、

『論文の書き方の基礎を身につけてもらうために執筆したのが本著になります。（中略）本著の特徴は、著者が大手通信教育会社の技術士試験講座の指導主幹を20年近く経験し、技術部門を問わず、多くの指導講師へ添削方法のアドバイスをしていた内容をベースに作られている点です。その経験の中で、多くの受験者が陥っている間違った習慣を知り、それらを是正する指導法をアドバイスしてきました。その結果、十分な知識を持っているにもかかわらず、採点では良い結果をだせない受験者には共通の特徴があるのがわかりました。そういった点を添削した論文の中で指摘することによって、多くの受験者があこがれの技術士になる手助けをしてきました。その内容を書籍化したのが本著です。（中略）本著では、技術士第二次試験の記述式問題に対する心構えを含めて、論文の書き方のテクニックをわかりやすく解説しています。』

となっています。

私は、社会人となった方が、業務多忙の中でいかにして自分の専門技術を向上させていくかを考える場合、技術士という目標に向かって勉強するのが一番よいと考えています。それは、技術士は国家資格として最高のレベルにあること、また簡単には合格できないからです。難しいから真剣に勉強しなければなりませんし、合格するためには、工学の基礎、専門知識と応用能力および経験が要求されるからです。これは、業務を遂行するうえでも必要な条件であり、

日頃から勉強する習慣を養うためにも最適であるからです。

技術士第二次試験合格に向けての勉強は、資格取得だけではなく日頃の業務にも役に立ちます。例えば、顧客向けのプレゼン資料や技術的な見解書の作成などです。企業に勤務されている方で、これらの資料を作成した経験がない方はいないと思います。日頃こういった資料を作成する機会が少ない方は、技術士の受験勉強をすることで技術的な資料作成のポイントを体得できると思います。このことは、将来にわたって技術者としての道を歩むためには、大変有効であると考えます。その意味からも、技術士試験の受験にチャレンジすることをお勧めします。技術士への期待はますます高まっていくと思いますが、機械部門の技術士が一人でも多く誕生して、科学技術の向上を図り、安全で安心のできる社会づくりや経済の発展に貢献していってもらえればと願っています。

本著を使用して、論文作成が苦手な、あるいは答案用紙に指定文字数の内容を埋める自信がない受験者の皆さんが、自信を持って筆記試験に挑戦していただければ、筆者としてこれ以上の喜びはありません。

最後に、第7章で受験申込書に記載する「業務内容の詳細」の記述方法について説明していますので、受験申込書の作成前に本著を入手された読者は、最初に第7章を読まれることをお勧めします。すでに受験申込書の提出が済んでいる読者は、口頭試験前に第7章を読んで口頭試験対策を考えるようにしてください。

2024年2月

大原　良友

目　次

第1章
技術士第二次試験の概要

現在の技術士第二次試験（機械部門）は、すべての問題が記述式になっています。ただし、過去の試験と比べると、現在の試験は解答文字数が5,400字に削減されており、取り組みやすい問題の試験になっていると思います。なお、現在の試験では各試験科目の出題内容や評価項目が公表されていますので、「技術士に求められる資質能力（コンピテンシー）」の内容についてしっかり認識して試験に臨んでいれば、想定した問題が出題されていると感じると思います。また、技術士第二次試験で評価が行われる文章には、筆記試験会場で記述する答案だけではなく、技術士第二次試験申込書の中に記述しなければならない「業務内容の詳細」も含まれますので、申込書を記入する段階から受験者の文章能力が問われます。この点も十分に認識して、技術士や技術士試験の概要をしっかり理解するとともに、早期に論文の書き方の基礎を理解しておく必要があります。

1. 技術士とは

技術士第二次試験は、受験者が技術士となるのにふさわしい人物であるかどうかを選別するために行われる試験ですので、まず目標となる技術士とは何かを知っていなければなりませんし、技術士制度についても十分理解をしておく必要があります。

技術士法は昭和32年に制定されましたが、技術士制度を制定した理由としては、「学会に博士という最高の称号があるのに対して、実業界でもそれに匹敵する最高の資格を設けるべきである。」という実業界からの要請でした。この技術士制度を、公益社団法人日本技術士会で発行している『技術士試験受験のすすめ』という資料の冒頭で、次のように示しています。

技術士制度とは

技術士制度は、「科学技術に関する技術的専門知識と高等の専門的応用能力及び豊富な実務経験を有し、公益を確保するため、高い技術者倫理を備えた、優れた技術者の育成」を図るための国による技術者の資格認定制度です。

次に、技術士制度の目的を知っていなければなりませんので、それを技術士法の中に示された内容で見ると、第1条に次のように明記されています。

技術士法の目的

「この法律は、技術士等の資格を定め、その業務の適正を図り、もって科学技術の向上と国民経済の発展に資することを目的とする。」

昭和58年になって技術士補の資格を制定する技術士法の改正が行われ、昭和59年からは技術士第一次試験が実施されるようになったため、技術士試験は技術士第二次試験と改称されました。しかし、当初は技術士第一次試験に合格しなくても技術士第二次試験の受験ができましたので、技術士第一次試験の受験者が非常に少ない時代が長く続いていました。それが、平成12年度試験制度改正によって、平成13年度試験からは技術士第一次試験の合格が第二次試験の受験資格となりました。その後は二段階選抜が定着して、多くの若手技術者が早い時期に技術士第一次試験に挑戦するという慣習が広がってきています。

次に、技術士とはどういった資格なのかについて説明します。その内容については、技術士法第2条に次のように定められています。

技術士とは

この法律において「技術士」とは、第32条第1項の登録を受け、技術士の名称を用いて、科学技術（人文科学のみに係るものを除く。以下同じ。）に関する高等の専門的応用能力を必要とする事項についての計画、研究、設計、分析、試験、評価又はこれらに関する指導の業務（他の法律においてその業務を行うことが制限されている業務を除く。）を行う者をいう。

技術士になると建設業登録に不可欠な専任技術者となるだけではなく、各種国家試験の免除などの特典もあり、価値の高い資格となっています。具体的に、機械部門の技術士に与えられる特典には、次のようなものがあります。

①建設業の専任技術者

②建設業の監理技術者

③建設コンサルタントの技術管理者

④鉄道の設計管理者

⑤ボイラー・タービン主任技術者

その他に、以下の国家試験で一部免除があります。

①弁理士

②管工事施工管理技士

③消防設備士

④労働安全コンサルタント

また、技術士には名刺に資格名称を入れることが許されており、ステータスとしても高い価値を持っています。技術士の英文名称はProfessional Engineer, Japan（PEJ）であり、アメリカやシンガポールなどのPE（Professional Engineer）資格と同じ名称になっていますが、これらの国のように業務上での強い権限はまだ与えられていません。しかし、実業界においては、技術士は高い評価を得ていますし、資格の国際化の面でも、APECエンジニアという資格の相互認証制度の日本側資格として、一級建築士とともに技術士が対象となっています。

2. 技術士試験制度について

(1) 受験資格

技術士第二次試験の受験資格としては、技術士第一次試験の合格が必須条件となっています。ただし、認定された教育機関（文部科学大臣が指定した大学等）を修了している場合は、第一次試験の合格と同様に扱われます。文部科学大臣が指定した大学等については毎年変化がありますので、公益社団法人日本技術士会ホームページ（https://www.engineer.or.jp）で確認してください。

技術士試験制度を図示すると、図表1.1のようになります。本著では、機械部門の受験者を対象としているため、総合技術監理部門についての受験資格は示しませんので、総合技術監理部門の受験者は受験資格を別途確認してください。

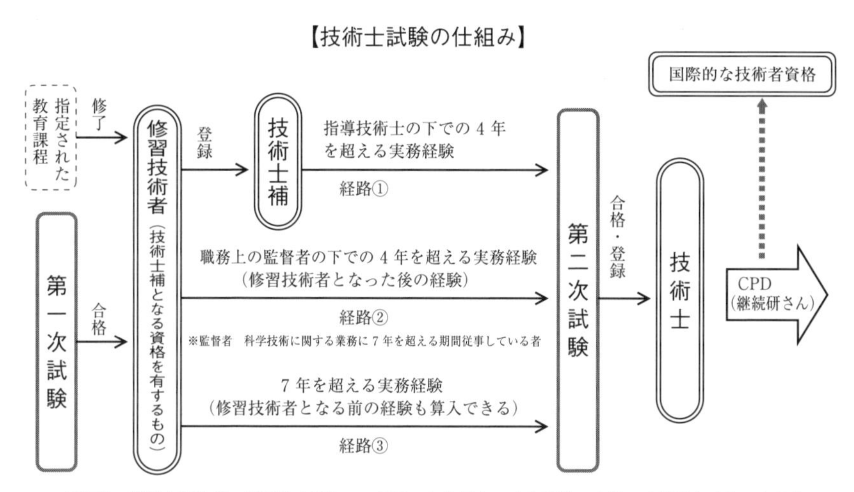

図表1.1　技術士試験の全容

受験資格としては、修習技術者であることが必須の条件となります。それに加えて、次の3条件のうちの1つが当てはまれば受験は可能となります。

① 技術士補として登録をして、指導技術士の下で4年を超える実務経験を経ていること。

② 修習技術者となって、職務上の監督者の下で4年を超える実務経験を経ていること。

(注) 職務上の監督者には、企業などの上司である先輩技術者で指導を行っていれば問題なくなれます。その際には、監督者要件証明書が必要となりますので、受験申込み案内を熟読して書類を作成してください。

③ 技術士第一次試験合格前も含めて、7年を超える実務経験を経ていること。

技術士第二次試験を受験する人の多くは、技術士第一次試験に合格し、経験年数7年で技術士第二次試験を受験するという③のルートです。このルートの場合には、経験年数の7年は、技術士第一次試験に合格する以前の経験年数も算入できますし、その中には大学院の課程での経験も2年間までは含められますので、技術士第一次試験合格の翌年にも受験が可能となる人が多いからです。

(2) 機械部門の選択科目

機械部門の選択科目は、図表1.2のようになっています。

図表1.2 機械部門の選択科目

選択科目	選択科目の内容
機械設計	設計工学、機械総合、機械要素、設計情報管理、CAD(コンピュータ支援設計)・CAE(コンピュータ援用工学)、PLM(製品ライフサイクル管理)その他の機械設計に関する事項
材料強度・信頼性	材料力学、破壊力学、構造解析・設計、機械材料、表面工学・トライボロジー、安全性・信頼性工学その他の材料強度・信頼性に関する事項
機構ダイナミクス・制御	機械力学、制御工学、メカトロニクス、ロボット工学、交通・物流機械、建設機械、情報・精密機器、計測機器その他の機構ダイナミクス・制御に関する事項
熱・動力エネルギー機器	熱工学(熱力学、伝熱工学、燃焼工学)、熱交換器、空調機器、冷凍機器、内燃機関、外燃機関、ボイラ、太陽光発電、燃料電池その他の熱・動力エネルギー機器に関する事項
流体機器	流体工学、流体機械(ポンプ、ブロワー、圧縮機等)、風力発電、水車、油空圧機器その他の流体機器に関する事項
加工・生産システム・産業機械	加工技術、生産システム、生産設備・産業用ロボット、産業機械、工場計画その他の加工・生産システム・産業機械に関する事項

(3) 合格率

受験者にとって心配な合格率の現状について示しますが、技術士第二次試験の場合には、途中で棄権した人も欠席者扱いになりますので、合格率は「対受験者数比」(図表1.3)と「対申込者数比」(図表1.4)で示します。「対受験者数比」の数字を見ても厳しい試験と感じますが、「対申込者数比」を見ると、さらにその厳しさがわかると思います。

なお、この表で「技術士全技術部門平均」の欄は総合技術監理部門以外の技術部門の平均を示しています。

図表１．３　対受験者数比合格率

選択科目・技術部門	令和４年度 受験者数	令和４年度 合格率	令和３年度 合格率	令和２年度 合格率
機械設計	276 人	24.6%	18.9%	22.1%
材料強度・信頼性	134 人	13.4%	15.7%	17.9%
機構ダイナミクス・制御	105 人	19.0%	14.3%	17.8%
熱・動力エネルギー機器	116 人	6.9%	4.9%	13.1%
流体機器	84 人	14.3%	3.8%	12.9%
加工・生産システム・産業機械	91 人	16.5%	20.0%	26.8%
機械部門全体	806 人	17.5%	13.9%	18.5%
技術士全技術部門全体	19,754 人	10.8%	11.2%	11.8%

図表１．４　対申込者数比合格率

選択科目・技術部門	令和４年度 申込者数	令和４年度 合格率	令和３年度 合格率	令和２年度 合格率
機械設計	325 人	20.9%	15.9%	19.4%
材料強度・信頼性	155 人	11.6%	13.5%	16.1%
機構ダイナミクス・制御	128 人	15.6%	11.1%	15.7%
熱・動力エネルギー機器	155 人	5.2%	3.9%	10.8%
流体機器	106 人	11.3%	3.1%	11.5%
加工・生産システム・産業機械	110 人	13.6%	17.4%	23.2%
機械部門全体	979 人	14.4%	11.5%	16.2%
技術士全技術部門全体	25,998 人	8.2%	8.6%	9.4%

3. 技術士第二次試験の筆記試験

技術士試験では科目合格制を採っていますので、1つの試験科目で失敗すると不合格が確定してしまいます。かつての技術士第二次試験の筆記試験では、思いがけない問題が出題される場合が多くありましたので、午後の試験問題を見た受験者が、試験を放棄して帰ってしまうという状況が続いていました。途中棄権者は受験しなかったと見なされるため、夏の筆記試験の受験者数が実際に試験会場に足を運んだ人数よりも大幅に低く発表されるという状況が長年続いていました。現在の試験は、すべての技術部門・選択科目で出題すべき内容が規定され、それが公表されるようになりましたので、思いがけない内容が突飛に出題されることはなくなり、途中退出者は少なくなりました。ただし、多くの受験者は、記述式問題の答案用紙に文字が埋められたら、何とか点数に結びつくのではないかと思いがちですが、出題内容や評価項目をしっかり認識しないままに答案を作成している受験者が多くいます。試験の基本は、孫氏の兵法にも示されているとおり、『彼(てき)を知り、己を知れば百戦あやうからず』ですので、「出題内容や評価項目」をもっと深く理解して試験の準備をしなければなりません。そういった点で、答案添削で最初の数行を読むだけで、この答案では合格は無理でしょうと思うものが多くあります。合格が難しいと最初にわかるのは、出題の意図を理解しないままに書かれた答案です。その後、10行程度まで進むと、論文力があるかないかがわかりますので、この時点で最終的な判断ができます。このように、答案すべてを読まなくとも合否判断できる受験者が半分以上を占めています。そういった受験者は、根本的な対策をしなければ、無駄に受験料を収めるだけに終わってしまいます。

どの試験でも、記述式問題である程度の量の文章が書けた場合には、なんとか合格点がもらえるのではないかと考える受験者が多いものです。しかし、技術士試験論文の添削をしていて感じるのは、出題の意図を正確に理解しないで解答している受験者が結構多いという現実です。その原因は、「彼を知らない（出題意図を理解しない）」まま、解答を書き出しているからです。そういった受験者本人は、合格できる内容のできと感じていると思いますが、実際には合格の可能性が全くない答案という例は多いのです。そうなる原因は、残念ながら、技術者の多くが文章の読解力や論文の書き方に関して、過去に教育を受ける機会がなかったからだと考えます。そういった受験者は、本著を使って、技術士第二次試験の論文の書き方を習得してもらえればと考えます。

論文の書き方を勉強する前に、しっかりと「彼（てき）を知る」ために、技術士第二次試験の内容を確認しておきましょう。

(1) 技術士に求められる資質能力（コンピテンシー）

現在の技術士第二次試験では、各試験科目の評価項目が公表されています。その評価項目の内容を、技術士に求められる資質能力（コンピテンシー）として具体的に説明していますので、各試験科目で出題される内容を説明する前に、図表1.5の内容を確認しておいてください。なお、コンピテンシーの内容は、令和5年1月25日に改訂されました。

このコンピテンシーの内容と、次項以降に説明する「概念」、「出題内容」、「評価項目」の内容を十分に理解しないままに、本番の試験に臨んでいる受験者が多くいます。それでは合格を勝ち取ることはできませんので、まずは彼（てき）である各試験問題の「概念」、「出題内容」、「評価項目」をしっかり把握することが、論文を書くためには欠かせません。そういった点で、本項目と次項以降の内容について、何度も読んで深く理解して試験に臨むことをお勧めします。

図表1.5　技術士に求められる資質能力（コンピテンシー）

専門的学識	・技術士が専門とする技術分野（技術部門）の業務に必要な、技術部門全般にわたる専門知識及び選択科目に関する専門知識を理解し応用すること。 ・技術士の業務に必要な、我が国固有の法令等の制度及び社会・自然条件等に関する専門知識を理解し応用すること。
問題解決	・業務遂行上直面する複合的な問題に対して、これらの内容を明確にし、調査し、必要に応じてデータ・情報技術を活用して定義し、これらの背景に潜在する問題発生要因や制約要因を抽出し分析すること。 ・複合的な問題に関して、多角的な視点を考慮し、ステークホルダーの意見を取り入れながら、相反する要求事項（必要性、機能性、技術的実現性、安全性、経済性等）、それらによって及ぼされる影響の重要度を考慮したうえで、複数の選択肢を提起し、これらを踏まえた解決策を合理的に提案し、又は改善すること。
マネジメント	・業務の計画・実行・検証・是正（変更）等の過程において、品質、コスト、納期及び生産性とリスク対応に関する要求事項、又は成果物（製品、システム、施設、プロジェクト、サービス等）に係る要求事項の特性（必要性、機能性、技術的実現性、安全性、経済性等）を満たすことを目的として、人員・設備・金銭・情報等の資源を配分すること。
評価	・業務遂行上の各段階における結果、最終的に得られる成果やその波及効果を評価し、次段階や別の業務の改善に資すること。
コミュニケーション	・業務履行上、情報技術を活用し、口頭や文書等の方法を通じて、雇用者、上司や同僚、クライアントやユーザー等多様な関係者との間で、明確かつ包摂的な意思疎通を図り、協働すること。 ・海外における業務に携わる際は、一定の語学力による業務上必要な意思疎通に加え、現地の社会的文化的多様性を理解し関係者との間で可能な限り協調すること。
リーダーシップ	・業務遂行にあたり、明確なデザインと現場感覚を持ち、多様な関係者の利害等を調整し取りまとめることに努めること。 ・海外における業務に携わる際は、多様な価値観や能力を有する現地関係者とともに、プロジェクト等の事業や業務の遂行に努めること。
技術者倫理	・業務遂行にあたり、公衆の安全、健康及び福利を最優先に考慮したうえで、社会、経済及び環境に対する影響を予見し、地球環境の保全等、次世代にわたる社会の持続可能な成果の達成を目指し、技術士としての使命、社会的地位及び職責を自覚し、倫理的に行動すること。 ・業務履行上、関係法令等の制度が求めている事項を遵守し、文化的価値を尊重すること。 ・業務履行上行う決定に際して、自らの業務及び責任の範囲を明確にし、これらの責任を負うこと。
継続研さん	・CPD 活動を行い、コンピテンシーを維持・向上させ、新しい技術とともに絶えず変化し続ける仕事の性質に適応する能力を高めること。

(2) 必須科目（Ⅰ）

必須科目（Ⅰ）では、『「技術部門」全般にわたる専門知識、応用能力、問題解決能力及び課題遂行能力に関するもの』を試す問題が記述式問題として出題されています。出題する内容が専門知識から課題遂行能力までと多岐にわたっているため、「技術部門」によって、出題される内容にばらつきが生じています。解答文字数は、600字詰用紙3枚ですので、1,800字の解答文字数になります。なお、試験時間は2時間です。問題の概念および出題内容と評価項目について図表1.6にまとめましたので、内容を確認してください。

図表1.6　必須科目（Ⅰ）の出題内容等

概　念	専門知識 専門の技術分野の業務に必要で幅広く適用される原理等に関わる汎用的な専門知識
	応用能力 これまでに習得した知識や経験に基づき、与えられた条件に合わせて、問題や課題を正しく認識し、必要な分析を行い、業務遂行手順や業務上留意すべき点、工夫を要する点等について説明できる能力
	問題解決能力及び課題遂行能力 社会的なニーズや技術の進歩に伴い、社会や技術における様々な状況から、複合的な問題や課題を把握し、社会的利益や技術的優位性などの多様な視点からの調査・分析を経て、問題解決のための課題とその遂行について論理的かつ合理的に説明できる能力
出題内容	現代社会が抱えている様々な問題について、「技術部門」全般に関わる基礎的なエンジニアリング問題としての観点から、多面的に課題を抽出して、その解決方法を提示し遂行していくための提案を問う。
評価項目	技術士に求められる資質能力（コンピテンシー）のうち、専門的学識、問題解決、評価、技術者倫理、コミュニケーションの各項目

出題問題数は2問で、そのうちの1問を選択して3枚の答案用紙に解答する問題が出題されています。出題対象範囲が技術部門全般ですので、比較的、出題対象内容が想定しやすい問題となっています。

(3) 選択科目（Ⅱ）

選択科目（Ⅱ）は、次に説明する選択科目（Ⅲ）と合わせて3時間30分の試験時間で行われます。トイレ等に行きたい場合には、手を挙げて行くことができますので、論文力が高い人は、あえてトイレ休憩を取って、試験室の外に出て気分をリフレッシュしてから、再度解答内容を吟味するという戦術もとれます。選択科目（Ⅱ）の解答文字数は、600字詰用紙3枚ですので、1,800字の解答文字数になります。

選択科目（Ⅱ）の出題内容は『「選択科目」に関する専門知識及び応用能力に関するもの』となっていますが、問題は、専門知識問題と応用能力問題に分けて出題されています。

(a) 選択科目（Ⅱ－1）

専門知識問題は、選択科目（Ⅱ－1）として出題されています。出題内容や評価項目は図表1.7のように発表されています。

図表1.7　専門知識問題の出題内容等

概　念	「選択科目」における専門の技術分野の業務に必要で幅広く適用される原理等に関わる汎用的な専門知識
出題内容	「選択科目」における重要なキーワードや新技術等に対する専門知識を問う。
評価項目	技術士に求められる資質能力（コンピテンシー）のうち、専門的学識、コミュニケーションの各項目

選択科目（Ⅱ－1）は、4問出題された中から1問を選択して、1枚の答案用紙に解答する問題ですので、解答文字数は600字になります。以前は、4問出題された中から2問を選択して答案用紙各1枚に解答する問題でしたので、専門知識問題は多くの受験者の鬼門となっていました。専門知識問題は解答文字数が少ないとはいえ、2つの項目の専門知識を十分に持っており、自信を持って記述できる受験者は決して多くはありませんでした。しかし、現行の試験では1問だけの解答になりましたので、4問の中から1つは得意な分野の問題が見つかるものです。そういった点では、現在の選択科目（Ⅱ－1）は鬼門では

なくなっています。出題されるのは、「選択科目」に関わる「重要なキーワード」か「新技術等」になります。解答枚数が1枚という点から、深い知識を身につける必要はありませんので、広く浅く勉強していく姿勢を持ってもらえればと思います。

(b) 選択科目（Ⅱ－2）

応用能力問題は、選択科目（Ⅱ－2）として出題されています。出題内容や評価項目は図表1.8のように発表されています。

図表1.8　応用能力問題の出題内容等

概　念	これまでに習得した知識や経験に基づき、与えられた条件に合わせて、問題や課題を正しく認識し、必要な分析を行い、業務遂行手順や業務上留意すべき点、工夫を要する点等について説明できる能力
出題内容	「選択科目」に関係する業務に関し、与えられた条件に合わせて、専門知識や実務経験に基づいて業務遂行手順が説明でき、業務上で留意すべき点や工夫を要する点等についての認識があるかどうかを問う。
評価項目	技術士に求められる資質能力（コンピテンシー）のうち、専門的学識、マネジメント、リーダーシップ、コミュニケーションの各項目

選択科目（Ⅱ－2）では、2問出題された中から1問を選択して解答する問題となっています。解答枚数は2枚ですので解答文字数は1,200字になります。出題内容は、『「選択科目」に関係する業務に関し、与えられた条件に合わせて、専門知識や実務経験に基づいて業務遂行手順が説明でき、業務上で留意すべき点や工夫を要する点等についての認識があるかどうかを問う』となっています。

ただし、出題されている内容を見ると、多くの受験者は、受験者の過去の業務経験に近い方の問題を選択せざるを得ないというのが実情です。そういった点では、実質的には、必須解答式という認識で、受験の準備を行う必要があります。この形式の問題は、令和元年度試験以前から継続して出題されていますので、できるだけ多くの過去問題を研究するとともに、これまでに自分が経験してきた業務の棚卸をしておく必要があります。そういった点で、選択科目（Ⅱ－2）は、様々な経験をしているベテラン技術者に有利な問題といえます。

この問題は、先達が成功した手法をそのまま真似るマニュアル技術者には手がつけられない問題となります。一方、技術者が踏むべき手順を理解して、業務を的確に実施してきた技術者であれば、問題に取り上げられたテーマに関係なく、本質的な業務手順を説明するだけで得点が取れる問題といえます。そのため、あえて技術士第二次試験の受験勉強をするというよりは、技術者本来の仕事のあり方を振り返り、それを論理的に説明できれば、合格点がとれる内容の試験科目です。ただし、技術者の中には、それを文章で説明する能力が不足している人が結構いますので、そういった人は、本著を使って論文の書き方を身につけてもらいたいと思います。

(4) 選択科目（Ⅲ）

選択科目（Ⅲ）は、先に説明したとおり、選択科目（Ⅱ）と合わせて3時間30分の試験時間で行われます。選択科目（Ⅲ）では、『「選択科目」についての問題解決能力及び課題遂行能力に関するもの』が出題されます。出題内容や評価項目は図表1．9のように発表されています。

図表1．9　選択科目（Ⅲ）の出題内容等

概　念	社会的なニーズや技術の進歩に伴い、社会や技術における様々な状況から、複合的な問題や課題を把握し、社会的利益や技術的優位性などの多様な視点からの調査・分析を経て、問題解決のための課題とその遂行について論理的かつ合理的に説明できる能力
出題内容	社会的なニーズや技術の進歩に伴う様々な状況において生じているエンジニアリング問題を対象として、「選択科目」に関わる観点から課題の抽出を行い、多様な視点からの分析によって問題解決のための手法を提示して、その遂行方策について提示できるかを問う。
評価項目	技術士に求められる資質能力（コンピテンシー）のうち、専門的学識、問題解決、評価、コミュニケーションの各項目

選択科目（Ⅲ）は、2問出題された中から1問を選択して解答する問題となっています。解答枚数は3枚ですので解答文字数は1,800字になります。出題される内容としては、「社会的なニーズや技術の進歩に伴う様々な状況において

生じているエンジニアリング問題を対象として、「選択科目」に関わる観点から課題の抽出を行い、多様な視点からの分析によって問題解決のための手法を提示して、その遂行方策について提示できるかを問う。」とされています。ですから、専門分野における最新の状況に興味を持って専門雑誌や新聞、関係白書等に目を通していれば、想定していた範囲の問題が出題されると考えます。

(5) 試験概要のまとめ

これまで説明してきた内容を整理したのが図表1.10になります。合格基準は60%となっており、必須科目（Ⅰ）と選択科目（ⅡとⅢの合計）の2つで評価が行われます。そのどちらも60%以上の評価が得られれば、筆記試験が合格となります。

図表1.10　試験方法について

<table>
<tr><th>問題の種類</th><th>試験形式</th><th>記述量</th><th>試験時間</th><th>配点</th><th>合格</th></tr>
<tr><td>必須科目（Ⅰ）
「技術部門」全般にわたる専門知識、応用能力、問題解決能力及び課題遂行能力に関するもの</td><td>記述式</td><td>600字詰
答案用紙
3枚以内</td><td>2時間</td><td>40点</td><td>60%
以上</td></tr>
<tr><td>選択科目（Ⅱ）
「選択科目」についての専門知識及び応用能力に関するもの</td><td>記述式</td><td>600字詰
答案用紙
3枚以内</td><td rowspan="2">3時間30分
（試験時間中の休憩時間なし）</td><td rowspan="2">60点
（Ⅱ30点
＋
Ⅲ30点）</td><td rowspan="2">60%
以上</td></tr>
<tr><td>選択科目（Ⅲ）
「選択科目」についての問題解決能力及び課題遂行能力に関するもの</td><td>記述式</td><td>600字詰
答案用紙
3枚以内</td></tr>
</table>

試験時間の面では、必須科目（Ⅰ）は3枚解答で2時間ですので、特に問題ないと思います。一方、選択科目はⅡとⅢを合わせた3時間30分で、6枚の答案を完成させなければなりませんので、うまく時間配分をしていかなければならないでしょう。

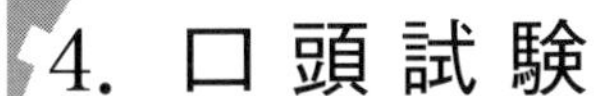

4. 口 頭 試 験

口頭試験は、筆記試験に合格した人だけが受験できる試験になります。

(1) 口頭試験の評価項目

口頭試験の評価項目は、図表1. 11に示したとおりです。特徴的なのは、図表1. 5の「技術士に求められる資質能力（コンピテンシー）」に示された内容から、「専門的学識」と「問題解決」を除いた項目が試問事項とされている点です。なお、技術士試験の合否判定は、すべての試験で科目合格制が採用されていますので、口頭試験も同様に科目合格制となっています。そのため、1つの項目で失敗すると不合格になりますので、気が抜けない試験といえます。

図表1. 11　口頭試験内容（総合技術監理部門以外）

大項目	試問事項	配点	試問時間
Ⅰ　技術士としての実務能力	①　コミュニケーション、リーダーシップ	30 点	20 分 ＋10 分 程度の 延長可
	②　評価、マネジメント	30 点	
Ⅱ　技術士としての適格性	③　技術者倫理	20 点	
	④　継続研さん	20 点	

第Ⅰ項は「技術士としての実務能力」であり、試問事項が、「コミュニケーション、リーダーシップ」と「評価、マネジメント」の2つに分けられています。最初の項目である「コミュニケーション、リーダーシップ」で「業務内容の詳細」に関する試問がなされています。

一方、第Ⅱ項は、「技術士としての適格性」となっています。試問される内容としては、「技術者倫理」と「継続研さん」になっています。

口頭試験で重要な要素となるのは「業務内容の詳細」です。ただし、この

「業務内容の詳細」に関してはいくつかの問題点があります。その第一は、かつて口頭試験前に提出していた「技術的体験論文」が3,600字以内で説明する論文であったのに対し、「業務内容の詳細」は720字以内と大幅に削減されている点です。少なくなったのであるからよいではないかという意見もあると思いますが、書いてみると、この文字数は内容を相手に伝えるには少なすぎるのです。「業務内容の詳細」は、口頭試験で最も重要視される資料ですので、720字以内の文章で評価される内容に仕上げるためには、それなりのテクニックが必要である点は理解しておいてください。

しかも、「業務内容の詳細」は、受験者全員が受験申込書提出時に記述して提出するものとなっていますので、筆記試験前に合格への執念を持って書くことが難しいのが実態です。実際に多くの「業務内容の詳細」は、筆記試験で不合格になると誰にも読まれずに終わってしまいます。さらに、記述する時期がとても早いために、まだ十分に技術士第二次試験のポイントをつかめないままに申込書を作成している受験者も少なくはありません。

注意しなければならない点として、「技術部門」や「選択科目」の選定ミスという判断がなされる場合があることです。実際に、建設部門の受験者の中で、提出した「技術的体験論文」の内容が上下水道部門の内容であると判断された受験者が過去にはあったようですし、電気電子部門で電気設備の受験者が書いた「技術的体験論文」の内容が、発送配変電（現在の電力・エネルギーシステム）の選択科目であると判断されたものもあったようです。そういった場合には、当然合格はできません。「業務内容の詳細」は受験申込書の提出時点で記述しますから、こういったミスマッチが今後も発生すると考えられますので、記述したい「業務内容の詳細」と「選択科目の内容」を十分に検証する必要があります。万が一ミスマッチになると、せっかく筆記試験に合格しても口頭試験で涙を呑む結果になりますので、早期に技術士第二次試験の目的を理解して、「業務内容の詳細」の記述に取り掛かってください。

(2)「業務内容の詳細」の注意点

平成24年度試験までは、筆記試験合格者が筆記試験合格発表後の約2週間で「技術的体験論文」を作成し、提出していました。口頭試験では、指定期日までに提出された「技術的体験論文」に関して冒頭に受験者からの説明が求められ、その説明内容に関して試問がなされていました。平成25年度試験からはこの「技術的体験論文」がなくなった代わりに、「業務内容の詳細」を口頭試験における資料として使うようになりました。ところが、受験者がこの「業務内容の詳細」を作成するのは受験申込書の作成時点ですので、まだ筆記試験さえ受験していない時点です。ですから、筆記試験に合格できるかどうかもわからない時点で口頭試験の準備を行うとはいっても、なかなか真剣さがでないのは致し方ありません。しかも、記述できる文字数が720字以内となっていますので、「技術的体験論文」の3,000字以内と比較すると、大幅に少なくなっています。

なお、記述する内容は下記の項目となっています。

① 当該業務での立場

② あなたの役割

③ 成果等

これを見ると、単に受験者が過去に経験した業務の1つを紹介すればよいと思ってしまいます。しかし、「業務内容の詳細」は口頭試験の資料となるものですので、口頭試験で試験委員が試問する内容を決める重要な資料なのです。そのため、ここで口頭試験の目的を再度確認しておきます。口頭試験は受験者が技術士としてふさわしい資質と、高等な専門的応用能力を有している技術者かどうかを試す試験です。そういった点を意識して、上記の①～③の内容を考える必要があります。しかし、これらの字面だけを見ると、口頭試験対策として書かなければならない内容は思い浮かばないと思います。そのため、平成24年度試験まで同じ目的で作成されていた「技術的体験論文」で記述を指示されていた内容を確認してみます。

ⓐ あなたの立場

ⓑ あなたの役割

ⓒ 業務を進める上での課題及び問題点

ⓓ あなたが行った技術的提案

ⓔ 技術的成果

ⓕ 現時点での技術的評価

ⓖ 今後の展望

上記のⓐ～ⓖの項目のうち、ゴシック体にした3項目が①～③に当たりますが、ここで注意しなければならないのが③の項目です。技術的成果を示すためには、「高等な専門的応用能力」を必要とした業務の成果であるという説明をしなければなりません。そのためには、あなたが取り上げた業務について、ⓒ項の「業務を進める上での課題及び問題点」がなければならないという点を認識しなければなりません。また、業務の成果を示すためには、ⓓ項の「あなたが行った技術的提案」の記述がなければならないというのがわかります。そういったところを示しているのが、「成果等」の「等」の部分になります。この点を意識して「業務内容の詳細」の記述内容を検討しなければなりません。

それでは、ⓕ項の「現時点での技術的評価」やⓖ項の「今後の展望」は不要なのでしょうか？　確かに記述する内容としてみると不要です。しかし、口頭試験の試問内容を考えると、決して不要とは言えません。高等な専門的応用能力を確認するために、そういった内容を口頭試験の試問で問われる可能性は大いにあります。ですから、受験申込書に記述する「業務内容の詳細」には書かなくとも、これらの内容について説明できる準備をしておく必要はあります。以上から、「業務内容の詳細」に取り上げる業務は、ⓐ～ⓖの内容を満たす業務でなければならないのがわかります。

(3) テーマの選定方法

「業務内容の詳細」を記述するためには、まず記述する業務のテーマを選定しなければなりません。受験者の中には、自分が合格したい技術部門・選択科目と、この「業務内容の詳細」が無関係と考えている人が結構いるようです。筆記試験で解答する必須科目（Ⅰ）や選択科目（Ⅱ＆Ⅲ）は、試験問題として作問委員から解答すべき内容が指定されて、それに基づいて記述をする問題になります。しかし、「業務内容の詳細」の場合は、どの業務を取り上げるかを受験者自身が選択して記述するものです。だからといって、どんな業務を書いてもよいというわけではありません。基本的に口頭試験の際に使われる資料ですから、試験を主催する側の意図を汲んで、「業務内容の詳細」を作成していかなければ、結果として合格は勝ち取れません。

過去には、「技術的体験論文」の内容が、受験した技術部門・選択科目の内容に適合していないという理由で、口頭試験で不合格となった例があります。ですから、「業務内容の詳細」のテーマは、受験申込書の提出前にいくつか決めて、それをもとに受験する技術部門・選択科目を検討しておかなければなりません。そのためには、「受験申込み案内」に記載されている『技術士第二次試験の技術部門・選択科目表』に示された「選択科目の内容」をよく読んで、自分の経験した業務で最も高度な専門的応用能力を使ったものは、どの項目に一番適合しているのかを早い時期に検証しておく必要があります。

(4) 口頭試験の合格率

口頭試験の合格率は公には公表されていませんので、独自に調査した令和4年度機械部門の口頭試験合格率を図表1. 12に示します。

図表1. 12　令和4年度口頭試験合格率（機械部門）

選択科目・技術部門	令和4年度試験			
	筆記試験受験者（人）	口頭試験受験者（人）	口頭試験合格者（人）	口頭試験合格率
機械設計	276	86	68	79.1%
材料強度・信頼性	134	33	18	54.5%
機構ダイナミクス・制御	105	30	20	66.7%
熱・動力エネルギー機器	116	9	8	88.9%
流体機器	84	18	12	66.7%
加工・生産システム・産業機械	91	19	15	78.9%
機械部門全体	806	195	141	72.3%
一般技術部門全体	19,754	2,330	2,131	91.5%

このように、一般技術部門の平均と比較すると、機械部門の口頭試験合格率は大幅に低くなっていますので、口頭試験で多くの人が不合格になっていることがわかります。

第2章
論文の基礎

技術者が書く論文の中には、不思議と、読んでいてわかりにくいものが多いと感じます。それは、扱っている内容が技術という一般の人にはわかりにくい事項であるから仕方がないという人もいます。しかし、それは誤った意見であり、最近では技術分野こそ一般の人にわかりやすく説明するという姿勢が求められています。それが技術者の説明責任であり、技術が高度化して社会的な影響が大きくなった分野であれば、なおさらそういった姿勢が求められます。高度な技術分野で一役を担うのが技術士であるため、技術士第二次試験に合格するためには、解答論文をわかりやすく書く力は必要不可欠となります。そのような論文を書けるようになるには、論文作成の基礎を理解していなければなりません。そういった点について、この章では具体例も含めてわかりやすく説明したいと思います。

1. 論文を書く基本姿勢

これまでは、技術の世界はわかりにくいものであるため、技術者の書く論文はわかりにくくても仕方がないという見方もありました。確かに、書いている本人はわかりにくく書こうと思って論文を書いてはいないのですが、結果は読みにくい内容や構成になっている場合が多くあります。しかし、基本的に技術者は、論理的に物事を推し量って実行していく職業ですので、その基本に沿って論文構成を検討して説明を進めていけば、必然的にわかりやすい内容になっていくものです。要するに、論文を書く際にどういった心構えを持っていなければならないかをしっかり理解していれば、わかりやすい論文が書けるのです。そういった基本姿勢について、ここで確認をしておきましょう。

(1) 読みやすく書く

読みやすく書くという姿勢が論文作成の際の基本であるのは言うまでもないことです。しかし、添削指導をしていて最初に感じるのは、多くの受講者は書きたいこと、または書けることを書くという姿勢で論文を書いているという現実です。それはどうしてかというと、受験者の中には、自分が知っている内容だけを自己満足しながら書く人が多いのが実態だからです。

論文を書く前の心構えは、まず読み手を意識するところから始まります。実際の技術士第二次試験での読み手は、受験者の論文を採点する試験委員になりますが、本来、意識すべき読み手の対象は、技術者ではない一般の人といわれています。技術士は、コンサルタント能力を求められる専門的職業人です。ですから、技術者でない人にもわかりやすく説明する姿勢と能力が強く求められます。もちろん、選択科目（Ⅱ）では専門知識に関する問題が出題されます。しかし、専門知識の問題だから専門家でなければわからない内容になると考えるのは不適切です。専門知識の内容であっても、それをわかりやすく説明できるかどうかが採点の1つの基準となっています。専門家なら知っているであろうという判断で略語を注釈なしに多用するような姿勢では、とうてい合格はできません。また、専門家同士なら言わなくてもわかるであろうという態度で作成しても、決して試験委員が満足する答案にはなりません。

たとえば、技術者同士のコミュニケーションにおいても、ある程度時間が経った後に、相手に自分の意図が伝わっていなかった、という事実に気づいた経験をしたことがあると思います。通常、コミュニケーションには3つの大きな障害があるといわれています。

第一が距離的な障害です。技術士第二次試験の筆記試験の場合には、試験会場と試験委員との距離的な障害に対して、論文という媒体で意思を伝えなければなりません。論文は一方通行のコミュニケーション手段であり、不明確な点を質問したり、誤りを訂正したりする機会はありません。ですから、論文で別の意図や目的と誤解されるような表現は避けなければなりません。

次の障害が、専門用語などの理解の違いから生じる誤解です。実際に、専門用語の中で正しく理解していると、自信を持って言える用語がいくつあるでしょうか。技術士第二次試験では、最近話題となっている事項や、新しい技術または社会制度に関する問題が出題されます。そういった中には、新しい用語や新たな解釈がなされている基準などが必ずあります。それらについて、これまで持っている知識だけを使って説明をしてしまうと、試験委員が持っている認識とのギャップが大きすぎて、正しい内容とは判断してくれませんし、読みやすい論文にも仕上がりません。

最後の障害が感情的な障害と言われています。試験委員は、数十人分の記述式問題の答案を短期間で読まなければならないという条件の下で採点しています。しかも、試験委員の多くは、大学の教授や企業の役員か部長級の技術士などですので、平日には多くの仕事をこなさなければならない社会的立場にあります。そういった事情があるため、試験委員は休日や夜間に受験者の答案を読みますので、試験委員に感情的な起伏が生じるのは当然です。試験委員と添削指導者とは多少立場が違いますが、一度に数人分しか読まない添削指導者でも、読んでいて感情の起伏を感じる場合があります。もちろん、添削指導者として採点する場合は、何を指摘してどう指導するべきかなどの視点で答案を読みながら添削しますので、単に採点するよりも時間がかかりますし、精神的な負担が大きいとも言えます。しかし、採点する試験委員には短期間に多くの受験者の答案を採点するという条件と、自分の評価が受験者の合否に直結しているという精神的な負担があります。そういった中で読みやすい答案を読んだ場合に、その答案に良い印象を強く感じてしまうのは仕方がありません。一方、読みにくいまたは内容が理解しにくい論文の場合には、最初の印象点が下がってしまうのは必然的な現象だと考えなければなりません。まして、読みやすい答案を読んだ直後に、読み手を意識していない答案を読んでしまった場合の落差は、直接点数に反映されてしまいます。

基本的に、受験した人の1割強程度しか筆記試験では合格していませんが、合格を勝ち取れなかった受験者の中には、論文が読みにくい構成であるために点が取れない受験者が結構いると思います。実際に、すべて書けたにもかかわらず合格しなかったという受験者が多くいますが、その中に読みやすさという点で失敗した人は多いのです。

では、どういった点を意識して直していけば読みやすい答案を作成できるようになるのか、という点についてこれから説明していきたいと思います。

(2) 論理的に示す

技術論文をわかりやすく書けるようになるためには、論文を論理的な展開で示すように心がけなければなりません。では、論理とは何でしょうか。広辞苑第七版では、「論理とは、思考の形式・法則。また、思考の法則的なつながり。」と説明しています。ですから、論理的な記述ができるようになるためには、表面に現れている結果だけを重視するのではなく、原因（理由）と結果をリンクさせた考え方を常に堅持する基本姿勢が必要となります。それを実現するためには、当然、専門的な知識の量がある程度は必要となりますし、その技術や手法が作られた背景までも理解しておく必要があります。しかも、それらの知識が単発のものにとどまっているだけでは、論理的な思考の展開はできません。ですから、知識を習得する段階から、その知識対象の背景や関連事項を合わせて吸収する方法を採らなければなりません。そういった知識習得方法は、残念ながら時間がかかります。最近話題となっている教育問題においても、詰め込み教育の仕組みが問題となっていますし、大学の授業においても応用能力の不足が問題となっています。論理的な思考を育てるには、自分で失敗を経験しながら、それを糧として自分で考えるという習慣が必要です。その実現は、個人の自覚によるところが大きいのですが、論理的な思考を養う方法の1つとして、定点観測法という手法があると監修者は考えています。

『定点観測法』とは、決まった新聞や、学会誌、専門雑誌を定期購読して読み続けるというものです。それは長い年数読み続けなければならないというのではなく、技術士を目指した段階で始めても十分間に合います。基本的に、技術士第二次試験は誰もが一発で合格できる試験ではありません。受験前から、ちゃんとした知識吸収の習慣や自分の経験からものごとを深く考える性格を持っていた受験者は別ですが、そうではない人は数年計画で試験に臨む姿勢が必要です。その場合に最初にしなければならないことは、定点観測の対象と方法を決めることです。機械部門でいえば、雑誌は機械学会誌になりますが、もう一つは機械工学便覧と言われています。そういった定点観測の対象となる資料を使って地道に1～2年勉強をしていれば、予想した問題が出題されているなと試験会場で思えるようになります。もちろん、出題されるのではないかと考えていた事項が問題として出題されていても、それを合格点以上の答案に仕上げられるかどうかは別の話です。そのため、知識を定着させる方法が必要であり、それも合わせて実行されていなければなりません。

知識定着手法としては、定点観測法によって重要な用語や社会現象を見つけたら、それを切り抜いて、資料としてストックしていく方法が通常採られます。それを、監修者は『知識データベース』と呼んでおり、社会人になってからは、会社に仕事用の「知識データベース」というタイトルのノートを作り続けています。それは新入社員時代からありますので、これまでに結構なボリュームになっています。それとは別に資格試験用のものがあります。そういった資料を、多くの受験指導者は『受験のサブノート』と呼んでいるようですが、同じものだと考えてください。これが整備されて、繰り返し復習が行われるようになれば、知識は定着します。

また、定点観測法で集めた資料は、その専門分野で基本となる事項をもとに、論理的な展開をした説明文で著されていますので、そういった論文を読んでいる間に論理的な展開とはどういった流れか、また基本となる事項には何があるかがわかってきます。そのような資料を何度も読んでいると、その手法を自然に自分の能力として取り込めるようになります。

それだけでは論理的な展開とはどういったものかがわかりにくいという方もいると思いますので、論理的な説明方法の1つとして、三段論法を紹介しましょう。三段論法は、アリストテレスが理論化した手法で、最初の前提と二番目の前提から結論に帰結するという手法になります。簡単な例で示すと、次のようになります。

1）最初の前提：AはBの一部である。

2）二番目の前提：BはCの一部である。

3）結論：よって、AはCの一部である。

このようになりますが、基本的にこういった展開ができるためには、最初の前提と二番目の前提についての正しい知識を持っている必要がありますし、その2つの関連についても理解しておかなければなりません。それが、定点観測法と知識データベースで築かれていくという点を先ほど示したのです。

それでは、次の文章を読んでみてください。

　いるか（海豚）は、クジラ類のうち小形種の総称である。

　クジラは哺乳類クジラ目の海獣であり、口の中のくじらひげを使って餌と水をこしてプランクトンなどを食している。

　よって、いるかはプランクトンを主食としている。

この文章は、三段論法のように見えますが、ここにはいくつかの誤りがあります。いるかは確かにクジラ類ではありますが、クジラ類には、歯がある歯クジラ類と、歯のないひげクジラ類があります。そのうち、いるかは歯クジラ類ですので、第1番目の文章では「歯」が抜けているのです。また、第2番目の文章中では“クジラ＝ひげクジラ”と理解していますが、そこが次の誤りになります。その結果、結論が誤ったものになったわけです。実は、こういった誤りは技術士第二次試験論文の添削をしていると、一番多く見つかります。結果として、論理的な展開ができていない論文となり、誤った内容となってしまうのです。

以上の例からも、論理的な論文が書けるようになるためには、基礎知識の充実が欠かせないというのがわかりますし、それぞれの知識が分断されたものではなく、関連性についても合わせて興味を持っていなければならないのがわかると思います。

論理的な思考ができるようになるための基本的な姿勢は、「なぜ？」という疑問をすべての事項に投げかける姿勢を常に持てるかどうかなのです。ですから、普段から疑問を持ってものを見る姿勢が必要です。出張で地方へ行った際に、電車の車窓から見た風景の中で、樹木がみな決まった方向に傾いて生えているような場所を見る機会があります。そういった風景から、この地区では強い風が一定方向に吹くのだろうなと考えている中で、その先に風力発電の風車が見えてくると、やはりそういった現象がある地域なのだと納得します。風力発電の立地は、一定方向の風が地上30 mの高さで平均風速6 m/秒以上あることが望ましいとされているのを知っているから、こういった判断ができるのです。このように、「なぜ？」という思考から、知識を使って「そうなのだ！」という発見に進む体験を繰り返していくことによって、論理的な思考回路が確固たるものになっていきますし、知識をより一層吸収しようという姿勢も強くなっていきます。そういった習慣ができてくると、いやでも論理的な文章が書けるようになっていくのです。

なお定点観測をする中では、資料を熟読するというような読み方ではなく、気軽に何度も読む中で、「そうだったのだ！」とか、「これは間違って理解していたぞ！」というような発見がいくつか見つかればよいという心構えでいるのが大切です。普段の仕事においても、「なぜこういった設計手法を取らなければならないのか？」とか、「その数値の根拠は何か？」、「どうしてそういったデータが現れてきたのか？」というような疑問が、技術者を成長させます。かつての技術士第二次試験で提出が求められていた「技術的体験論文」で示す内容として必要な独創性の発端も、そういった疑問から始まったものが非常に多いようです。疑問を持たない技術者は多くの事実を見逃すだけではなく、大きな発見にも気がつかないものです。なお、この「技術的体験論文」は、現在の試験では「業務内容の詳細」となって受験申込書作成時に受験申込書に記述して提出する方式となりましたが、そこで記述を求められている内容でも、ポイントはこの独創性がある業務かどうかになります。

(3) 畳み掛けるような軽快な文章とする

技術者の書く論文の中には、非常に冗長なものが多く見受けられます。これも読む人を意識していない論文の1つの典型になります。それだけではなく、書いている人も途中で犯した誤りに気づかないままに、論文を展開してしまう危険性がありますので、冗長な論文作成は好ましいものではありません。冗長な論文の場合には、先の例のように、説明文の途中で、「クジラ＝ひげクジラ」という間違った説明をしてしまった際にも、それに気づかないで論文を進めてしまうような危険性を持っていますので、気をつけなければなりません。

それでは、次の文章を読んでみてください。

　最近では、グローバルサウスの経済好況に伴って、温室効果ガスの排出量が増え続けており、気候の変動が起きたり、海面が上昇したり、生物生息地域に変化が生じたり、地域農業作物収穫量が変化したり、食用植物のバイオ燃料利用によって食用穀物が大幅に値上がりしたりしており、世界的な経済と社会構造に変化が生じてきているが、そういった現状に対して、今後技術者は自分の専門分野を生かした技術革新を進めると同時に、多様化する技術的要求に対して、それぞれの技術者との連携を行いながら、エネルギー効率が高い技術や、自然エネルギーを積極的に利用した、循環型社会の構築を目指して、効果が着実に上がる新たな手法を確立し、即効性の高い施策を打ち出せるような、新たな組織や体制を構築するために、努力をしなければならない。

この文章でも、論文作成者が言おうとしている内容は何とか理解できます。しかし、読み手の立場からすると、読むのに苦痛を伴う文章と感じたのではないでしょうか。こういった文章は、添削をしていて多く見かけます。添削指導者としては、これが正しいことを述べている文章なのか、誤りがどこかにないかを見つけなければなりません。しかし、試験を採点する人は、答案を読まなければならない義務はあっても、理解しなければならないという義務を負ってはいません。理解するという点については、理解しやすい文章を書くという義務が受験者側にあるのであり、採点者は読みさえすればよく、それが理解しにくい文章の場合には、ただ低い点をつければよいのです。そういった試験の前提条件を理解していない受験者は多くいます。

それでは、次の文章を読んでみてください。

　最近では、グローバルサウスの経済好況に伴って、
温室効果ガスの排出量が増え続けており、地球環境の
点では次のような変化が生じてきている。
①気候の変動で自然災害の発生が多くなっている
②海面上昇が起き、沿岸居住者の住居が失われている
③生物生息地域に変化が生じている
④地域農業作物収穫量に変化が生じている
⑤食用植物がバイオ燃料利用により値上がりしている
　そういった現状に対し、技術者は自分の専門分野を
生かした技術革新を進めると同時に、多様化する技術
的要求に対しては技術者間の連携を行う必要がある。
それによって、エネルギー効率が高い技術や自然エネ
ルギーを積極的に利用した、循環型社会を構築する即
効性の高い施策ができる組織や体制を構築しなければ
ならない。

以上は1つの例ですが、ほぼ同じ文字数で、前の例文と内容的に同じものが示されています。しかも、地球環境の変化については、さらにわかりやすい説明になっているのがわかると思います。それはどうしてかというと、1つの文章が短くされていると同時に、箇条書きを用いているからです。このように、読み手が冗長と感じる文章よりも、短文で簡潔に説明する文章をつなげていく方が、大幅に論旨を理解しやすくなります。また、読む際にも負担を感じません。基本的に、試験委員のように多くの文章を短期間で読まなければならないような場合に、こういった文章に出会うと、砂漠の中でオアシスに行き当たったように感じるものです。そういった感想を持った試験委員が、その答案に悪い点をつけるはずがありません。

技術士第二次試験では、1行24字の原稿用紙形式の答案用紙を使用します。

こういった文章を作り上げるには、前提として1文で3行程度の文章にとどめるよう心がけておく必要があります。少なくとも4行目に入ったら、その前半で文章を終わらせるという習慣を持つようにしてください。文字数でいうと、最大で100字を超えないような範囲で文章を作っていくと、書き手の負担が少なくなりますし、誤った記述をした際にもその発見が容易になります。もちろん、読み手にとっては読みやすい文章になるのは当然ですが、誤りを見つけやすくもなります。このような書き方ができるようになるためには、書き手の知識力が必要な点は認識しておかなければなりません。しかし、優秀な人ばかりが試験委員になっている技術士第二次試験では、必ず間違いは見つけられてしまいますので、デメリットになるわけではありません。基本的に、技術者としての最高の国家資格を得るための技術士第二次試験ですので、それにふさわしい知識と経験を身につけていなければ合格は勝ち取れません。

(4) 主語は何かを考えて書く

添削指導で受講者の文章を読んでいて気になることの1つとして、文章に主語がないという点があります。英語においては、主語と動詞が必ずなければならないのですが、日本語の場合には、主語が省略されていても文章が成立してしまうために、主語が省略される場面が多くあります。最近では、テレビのニュース番組中で街の人などにインタビューをした際に、画面下に字幕を出す場合があります。そういった際に、聞いている会話部分にはなかった主語を、(　) 付きで字幕に示しているのを見かけます。このように、日本語では主語を省略する習慣があるため、技術士試験論文にその癖が出てしまう人は少なくありません。

それでは、次の文章を読んでみてください。

　自然環境は、最近の国際的な経済活動の変化によっ
て大きな影響を受けているので、今後はその自然環境
の変化を緩やかにするための技術開発や社会規範の変
革をしていかなければならない。そのための障害とな
るのは、ステークホルダーの権利意識である。

この文章の主語は何でしょうか。安易に考えて失敗する人は、主語を「自然環境」と思ってしまいます。その理由は、文章の最初に、「自然環境は、」というように「は」が付いた単語があるためです。しかし、この文章の主文は「今後は」以降の文章であり、この主語は省略されています。一般的に省略された場合の主語は、英語では「We」や「They」のような代名詞で示されるものですので、ここでは、「人類」という解釈も採れます。また、技術士第二次試験の問題で使われる場合には、「技術者」という解釈もできます。人類という解釈では、最後の文章はいわゆる環境問題における南北問題を扱った文章と捉えることもできます。要するに、「障害となるのは、先進国とグローバルサウス諸国の利害であり、地球温暖化問題はこれまで温暖化ガスを排出してきた先進国の問題であり、これから発展をしていくグローバルサウス諸国には排出ガスを削減する義務はない。」とする考え方（権利意識）と、世界中の国々が平等に負担すべきという先進国の考え方の相違になるという点を示した文章になります。

また、これを「技術者」とすると、環境の改善に大きな役割を果たす知的財産権のような権利に関する文章と捉えることもできます。この問題の記述内容とは違いますが、最近、こういった権利で話題になっているのが、開発途上国のコロナ予防に使われるワクチンの特許を無効にして安く提供するという考え方と、開発者の権利を擁護するという考え方の違いに関する説明文というような解釈もできます。このように、主語がないと文章の意味が正しく理解されなくなるような場面は少なくありません。

ただし、誤解してはいけない点は、すべての文章に主語を意識して入れなければならないという意味ではないので気をつけてください。それを具体的に示すために、(3) 項で示した例題の後半部をここで再び引用してみます。

　そういった現状に対し、技術者は自分の専門分野を
生かした技術革新を進めると同時に、多様化する技術
的要求に対しては技術者間の連携を行う必要がある。
それによって、エネルギー効率が高い技術や自然エネ
ルギーを積極的に利用した、循環型社会を構築する即
効性の高い施策ができる組織や体制を構築しなければ
ならない。

この文章の第一文の主語は、「技術者」であるのがわかると思います。それに対して、第二文では主語が存在していません。しかし、これらの2文は連続して同じ内容を示していますので、第二文の主語は第一文の主語と同じく、「技術者」になるのは誰の目にも明らかです。こういった場合は、主語がなくてもよいのです、英語では代名詞になりますが、それが日本語では省略という方法になります。こういった場合もあるという点は十分に認識して、受験者は常に主語が何かを意識して文章を書いていないと、書いている人の意図とは全く別の意図の文章として試験委員に理解されてしまう論文にでき上がってしまう危険性は非常に高いのです。この点を意識して、今後は論文作成の練習を行ってください。

(5) 肯定的な表現を使って示す

文章には肯定文と否定文がありますが、技術士論文においては、できるだけ肯定文を使って文章を作成することをお勧めします。もちろん、否定文を使ってはいけないという意味ではなく、否定文を中心とした展開をしないようにするという意味で理解してもらえればと思います。場合によっては、否定文を中核にしなければならない部分もありますので、あえて意識して使う場合は否定文を積極的に使っても問題ありません。しかし、筆記試験で出題される問題の場合には、否定文を絶対使わなければならない場面はほとんどありません。否定文は、技術的に絶対と言い切れるデータを持っている内容などでは使えますが、そうではない場合には、「本当にそうですかね？」という疑問を持たれる可能性があります。研究発表論文などの場合には、実際に発表者が研究の中で経験した内容を示す論文ですので、これまで調査した正確なデータなどを持っています。そのため、それらを示して否定すれば読者は当然納得します。一方、技術士第二次試験の中で出題された問題に関しては、その場で初めて見る内容であるために、受験者が知識として正確なデータを持っていて書けるという例はあまり多くはありません。ですから、知識として持っている用語や現象などの事項を使って論文を作り上げなければなりませんので、否定形で断定できる文章を書くには知識不足となるでしょう。そういった点で、肯定文で文章を構成する方が安全です。

ただし、否定形をあえて使って、文章的に効果を上げるという手法もありますので、それをいくつか紹介します。こういった手法でも、主文になるのは肯定形の文章の方であり、あくまでも肯定形の文章を強調するために、否定形の文章を使っています。

まず、『Yes, but』法を紹介します。『Yes, but』法とは、できるという表現から入って、ただし書きで条件などを示す方法です。

　電気自動車の走行距離を延ばすためには、車体の軽
量化が１つの有効な手法である。しかし、それを実現
するためには、従来の材料や製造工程に固執している
だけでは、期待される効果を上げることはできない。

この文章では、「しかし、」以下の条件について、コンサルタントとしての意見を述べており重要な条件文となります。この条件文によって、肯定文の内容を深く理解しているという印象を読み手に与えます。

もう1つは、『No, but』法ですが、これは、「できない。」から入って、見方を変えることによって、「できる。」という結論で終わる方法です。

　Ａ材料をそのまま使って必要な強度を持たせると、
製品の軽量化は図れない。しかし、Ａ材料をハニカム
構造に加工して利用すると、製品に十分な強度を持た
せながら、目標とする重量までの軽量化が実現できる。

この方法は、読み手に書き手の応用能力の存在を強調する結果になります。また、受験者の知見を感じさせる文章になりますので、積極的に使ってもらいたい表現方法といえます。

それでは、次の文章を読んでください。

　管制官の誘導ミスと飛行機の安全装置の誤動作という現象が同時に起きないということがないわけではないが、そういった場合は非常に稀であるので、ここではそういった条件は除外して考えるとする。その条件でも、本装置の安全性は99.0%にまで高められる。

この例文の最初の文章は、否定の否定になっています。否定の否定は、読み手にとってはとても煩雑で理解しにくいものになります。また、内容を理解した後には、なぜこういった表現をしなければならないのかという気持ちになり、書き手の文章能力の信頼性を著しくおとしめる結果になってしまいます。そのため、否定の重ね合わせは絶対に使用しないようにしなければなりません。

上記の文章を書き換えてみると、次のようになります。

　管制官も人間である以上、誘導ミスが起きるのは避けられない。また、飛行機の安全装置も何らかの条件によって誤動作するという可能性も否定できない。しかし、それらの現象が同時に起きるというケースは確率的に低く、そういった可能性を加味しても、本装置の安全率は99.0%にまで高められる。

このように示すと、技術者として、人間がミスを犯すものである点や機械の信頼性が100%にはならない点を理解したうえで、安全率を計算しているという内容に対して、試験委員は高い評価を与えてくれるはずです。前の文の趣旨も基本的には同じですが、書き方によってこれだけ印象が変わるのがわかったと思います。

(6)「である」体と「ですます」体

文章の記述方法には、「である」体と「ですます」体があります。

「ですます」体は、もともとは理由や根拠を丁寧に説くための表現方法で、読む人にやさしく説明するのに適している方法といえます。それでは、次の「ですます」体で書いた文章を読んでみてください。

　火力発電所の計画においては、完成後の排煙による
環境悪化を防止するために、多くの項目で対策が必要
となります。まず、窒素酸化物濃度を下げるためには
脱硝装置が必要になりますし、硫黄酸化物濃度を下げ
るために脱硫装置が必要です。さらに、ばい塵の除去
には電気集塵機を用います。

一方、「である」体は、論説文として用いる表現方法で、相手に強く印象づけて説明するには適した方法です。ここで、先の文章を「である」体で表してみると、次のようになります。

　火力発電所の計画においては、完成後の排煙による
環境悪化を防止するために、多くの項目で対策が必要
となる。まず、窒素酸化物濃度を下げるためには脱硝
装置が必要であり、硫黄酸化物濃度を下げるために脱
硫装置が必要である。さらに、ばい塵の除去には電気
集塵機を用いる。

このように、印象が大きく変わるのがわかると思います。技術士として顧客や一般の人たちに説明するには、後者の方が専門家としての威厳が示せますし、聞く方も安心感がもてる表記体です。ですから、技術士第二次試験論文では「である」体を使うようにすべきです。

それでは、次の文章を読んでみてください。

　最近では、産業部門における省エネルギー化の取り組みは進んでおり、今後は大幅な改善が難しい状況となってきている。一方、民生部門のエネルギー消費は依然として伸びており、今後はこの分野の改善が不可欠となっています。また、地球温暖化ガスの排出においても、運輸部門の比率が高まってきているので、この分野の技術の再構築と社会制度の整備が必要になると判断しています。

この文を読んで、違和感を持たない人は要注意です。この文では、「である」体と「ですます」体が混用されています。実は、これまで添削指導をしてきた中で、こういった文章を読む機会は非常に多かったのです。こういった文体では、受験者が文章を作る経験がこれまで少なかったという事実を露呈しているようなもので、事前の評価がマイナスからスタートしてしまいます。そういった人は、早急に改善を図る必要があります。

なお、本著は「ですます」体を使って本文を作っています。それは、本著では論文の例題を多くしているため、「である」体を使う例題部分と、それ以外の本文部分を区別するために、意図的に本文では「ですます」体を使っているからです。

(7) 接続詞の達人になろう

基本的に、論文は複数の文章のつながりによって構成されるものです。大きく文章の内容が変わる場合には、項目を改めたり改行をしたりして、内容が改まったことを示します。そうではないところでは、接続詞を使って文章の連係を作っていきます。この接続詞の使い方がうまいかどうかが文章の質を決めていきますが、意外に無頓着に使っている受験者が多く見受けられます。論文においては、接続詞の使い方によって、文章が引き立ったり、逆に文章に混乱が生じたりしますので、うまく使う方法を修得してもらいたいと思います。

ここで、次の文章を読んでみてください。

　地球環境問題の観点から、再生可能エネルギーの利用は欠かせないものとなってきている。再生可能エネルギーの中には、安定供給の視点で問題があるものも多くあるし、投資対効果の面でも化石エネルギーとの比較では太刀打ちできないのも現状である。長期的な視点では、再生可能エネルギーの利用促進は不可欠であり、そのための新しい技術の開発や社会制度の創設・整備は今後重要となる。

この文章を読むと、何か違和感を持つのではないでしょうか。それは、接続詞をあえて使わず文章を書いてみたからです。

それでは、次の文章を読んでみてください。

　地球環境問題の観点から、再生可能エネルギーの利用は欠かせないものとなってきている。しかし、再生可能エネルギーの中には、安定供給の視点で問題があるものも多くある。また、投資対効果の面でも化石エネルギーとの比較では太刀打ちできないのも現状である。とはいっても、長期的な視点では、再生可能エネルギーの利用促進は不可欠である。そのためには、新しい技術の開発や社会制度の創設・整備は今後重要となる。

大きく文章の雰囲気が変わったと思います。たかが接続詞、されど接続詞と感じるほど、そのすごさがわかったと思います。

では、もう1つ別の文章を読んでください。

　ヒートアイランド現象は、道路舗装によって、アス
ファルトの表面温度が上昇するために起こる。また、
ビルの密集化によってビルから排出される冷暖房排熱
や工場などから排出される熱によってもその現象が加
速される。また、ビルの密集化は風の流れを妨げるた
めに、狭い地域の温度が著しく上昇する要因ともなる。
また、都市交通量の増大によっても温度が上昇する。

この文で示している内容はわかりますが、やはり、何か違和感があります。それは、すべての接続詞が「また、」になっているからです。長年添削指導を行った経験では、このように、「また、」の連発で文章を書く癖を持った人は非常に多くいました。確かに、内容を示すという点では問題ないのですが、読み手から見ると問題がありますので、改善が必要です。

それでは次の文章を読んでみてください。

　ヒートアイランド現象は、道路舗装の普及率が高ま
りアスファルト表面温度が上昇するために起こる。さ
らに、ビルの密集化によってビルから排出される冷暖
房排熱や工場から排出される熱によっても、その現象
が加速される。また、ビルの密集化は風の流れを妨げ
るために、狭い地域の温度が著しく上昇する要因とも
なる。それに加えて、都市交通量の増大によっても温
度が上昇する。

この文章は、前の文章の接続詞を替えて書いてみただけですが、それだけでも文章の感じが変わりますし、2番目の文章と3番目の文章が、「ビルの密集化」という同じ要因で起きている現象であるという、2つの文章の一体化が図られているのがわかると思います。

これらはほんの一例に過ぎませんが、接続詞の種類を多く知っていて、うまく使い分けていくと、文章の読みやすさや指摘している内容が読み手に素直に

吸収されるように文章が変わっていくのがわかっていただけたと思います。

ここは接続詞の勉強会ではないので、接続詞をすべて紹介することはできませんが、技術士第二次試験論文を書く際に使うと考えられる接続詞の例を図表2. 1に示します。

図表2. 1　よく使う接続詞例

使う場面	接続詞例
重ねて示す場合	また、そして、さらに、そのうえ、および、かつ、重ねて、それから、ならびに、加えて、しかも
逆説的に示す場合	しかし、しかしながら、一方、逆に、けれど、なのに、とは言っても、ところが、それにもかかわらず、だが、それなのに
言い換える場合	つまり、言い換えると、要するに、極言すると、端的に示すと、いずれにしても、または、すなわち、具体的には、詳しくは、ちなみに、たとえば、まさに
理由や条件などを示す場合	ただし、なお、詳しくは、特に、なぜならば、というのは
結論を示す場合	すなわち、したがって、よって、だから、そこで、つまり、ゆえに、このため、このことから、これによって、以上のように、最後に、結果として、終わりに、要するに
話を変える場合	ところで、話は変わって、さて、ともあれ

使うと有効なものだけ挙げてもこれだけあります。どれも一度は練習の際に使ってみて、その中でいくつかの使い方のパターンを自分のものとしておくと、完成した文章のレベルがこれまでと変わってくると思います。

2. 論文形式の確認

第1節を読んで論文を書くための基本姿勢について理解できたと思いますので、ここからは、技術士第二次試験論文を作成する際の形式的な面での基礎知識について確認しておきたいと思います。先にも示したとおり、答案は試験委員に読みやすいものになっている必要がありますが、答案構成においても、そういった結果をもたらす形式があります。受験者の中には思いつきで構成を考えてしまう人もいますし、あえて奇をてらった構成にする人もいますが、答案構成については、正攻法の形式を身につけて、それに従って自然に論文を展開しておいた方がよいでしょう。

機械部門を受験する方は、何らかの設計業務をやられた経験があると思います。論文を設計する、という考え方に立つとわかりやすいでしょう。その方法が、以下に記載する内容になります。

(1) 項目ナンバーの取り方

項目ナンバーの取り方については、技術士試験では特に決まったものがあるとはされていませんし、それで不合格になるというものではありません。しかし、問題を見て自然に項目立てができるように、事前に自分の形を作っておくとよいでしょう。そういった例をいくつか示します。

(a) 例題1

○　塑性加工は、金属材料の加工方法として物質の塑性変形を利用し目的の形状を得る方法である。以下の塑性加工方法から3つを選択し、その特徴を述べよ。更に適用される部品の例や加工上の注意点を述べよ。

(令和5年度　機械設計Ⅱ－1－1)

鍛造加工、圧延加工、引抜き加工、押出し加工、せん断加工、曲げ加工、

絞り加工

この場合には、項目立ては以下のようになります。

1．鍛造加工の特徴と適用例、加工上の注意点
2．押出し加工の特徴と適用例、加工上の注意点
3．曲げ加工の特徴と適用例、加工上の注意点

機械製品に用いられる部材等は、使われる材料の特性と加工後の部品の特性を考慮して、適切な加工方法が選定されます。その決定のためには、加工方法による特性や欠点などの内容を理解しておく必要があります。そういった基本的な内容を問うている問題と言えます。問題の構成としても、3つの項目について3つ程度のポイントで記述させるという、シンプルな問題構成になっています。機械部門の技術者であれば、対応しやすい問題ですし、この選択科目の受験者にとっては非常に基礎的な内容を示させる問題です。また、項目立てについても問題文に示されたとおり行えばよいので、受験者にやさしい作り方をしている問題と言えます。ただし、記述すべき内容が結構ありますので、個々の文章を簡潔に記述する必要がある問題と認識しなければなりません。

(b) 例題2

○ 品質管理で用いられる工程能力指数について、その定義を説明し、2つの計算方法とそれらの使い方を示せ。 (令和5年度　加工・生産システム・産業機械Ⅱ－1－3)

この場合には、項目立ては以下のようになります。

1．工程能力指数の定義
2．工程能力指数（Cp／Cpk）の計算方法
3．2つの工程能力指数の使い方

この問題は、製造業における品質管理の手法に関する問題です。製造業においては、高品質な製品を製造するのは当然ですが、その品質を安定的に維持して製造することが求められます。工程能力指数には2つの指数がありますので、それらの求め方と使い方についての基本的な内容を問う問題となっています。工程能力指数は、検査頻度の見直しや、新規ラインの立ち上げ、製造方法の変更など多くの場面で用いられますので、計算式で求められた数値の判断についての経験がある人には実務的な内容であり記述が容易ですが、そうではない人には具体的な数値を挙げて説明できるかがポイントになります。なお、項目立ては問題文に示されたとおり行えばよいので、この問題も受験者にやさしい作り方をしていると言えます。

このような項目立ては、過去問題を使って数多く練習しておくと実践で役立ちます。また、そういった勉強を実践すると、実際に多くの問題を目にする結果になりますので、技術士第二次試験ではどういった事項やポイントで問題を出題しているのかを知る結果にもなります。そのため、項目立ての練習をする中で、現在注目されているキーワードを集める訓練もできますので、ぜひ多くの過去問題で項目立ての練習をしてください。そのためには、自分の項目立ナンバーリングの基本パターンを作っておく必要があります。通常は、下記のような項目立ナンバーリングが一般的です。

1. 大項目
　(1) 中項目
　　(a) 小項目
　　　①　箇条書き

(2) 項目タイトルのつけ方

論文では、項目として示す項目タイトルが結構重要な採点要素となります。項目タイトルの条件として、問題文で直接解答を求められている内容をすべて網羅するというのが最低条件になりますが、それだけでは十分とはいえません。

確かに、問題文に書かれている言葉をそのまま使えばよい場合もありますが、問題が作られた趣旨を理解してタイトルをつけると、試験委員は内容を読む前に受験者の能力を感じます。そのような印象を持った試験委員は興味を持って答案を読みますので、評価が上がっていきます。このような理由から、項目タイトルには工夫をするべきです。ですから、問題文に示されている指摘事項と受験者が力を入れて示したい内容を合わせて、答案構成と項目タイトルを考えなければなりません。

また、筆記試験で出題される記述式問題については、その問題のポイントとなるキーワードをタイトル内に入れるようにしていくとよいでしょう。試験委員は、問題で解答すべき内容をすでに知っていて受験者の答案を読みますので、タイトルに重要なキーワードが示されていれば、自然と受験者が示そうとしている内容がある程度は理解できます。そういった意識が試験委員にできた状況で読んでもらえれば、すでに先入観で内容を評価している部分もありますので、点数は高めになるはずです。まして、採点基準に示されているキーワードが本文中に示されていれば、それだけでも採点基準に則った点数を確保できます。逆に、それとは全く違った項目タイトルを示していた場合には、試験委員も慎重に答案を読みますので、欠点が目立ってくる結果となります。また、問題文に示された内容そのままの項目タイトルが示されていた場合には、内容の勝負になるのは当然ですが、そういった受験者の多くは、その問題がどうして出題されたのかを十分に理解していない場合が多いと、添削指導をしていて感じます。技術士第二次試験の問題は、全く世の中の動向とかけ離れて出題される場合は皆無です。何らかの法律改正や社会制度変革、技術分野の新潮流や話題技術の登場などの変革があったから、その問題が出題されているのです。受験者は、問題文を読んで、最近起きたあの問題がテーマだねとか、現在のこの潮流を扱った問題だね、といった感想を持った問題を選択するというのが点数を取るためには重要となりますが、それができるようになるには、先に示した定点観測法が実践されていなければなりません。その定点観測の対象は技術書とともに一般紙でもなされていないと、社会制度変革やエネルギー事情などの社会的側面の知識や現代の判断基準（社会基準）が理解できないために、問題が出題された意図を読み解くことができません。それができているかどうかで、項目タイトルの作り方が変わってきます。最適な項目タイトルが作成されていれば、そこから受験者の能力を敏感に感じる力を試験委員は持っています。

著者らは多くの試験委員経験者と面識がありますが、その人たちに共通しているのは、向学心が旺盛であるという点です。採点を担当する試験委員は、短期間に多くの答案を読み採点を行いますので、時間的には大きな負担がかかります。しかも、ほとんどの試験委員が現役の職業人ですので、会社では役職者であったり、自分で技術士事務所を経営していたりするような人がなっています。そういった人にとって、採点というのはとても割が合わない仕事なのです。それでも、彼らが試験委員の役を受諾しているのは、そこで新しい知識や表現に出会えるからです。その刺激が、技術者として新たな興味を抱かせるので受諾しているのです。ですから、試験委員が興味を引くような項目タイトルを示していると、担当した試験委員は答案にのめり込む形で読み始めます。そうなると、他の受験者とはそこで当然差がつけられます。項目タイトルとは、それだけ重要な役割を果たしているということを認識しておかなければなりません。

このように、項目タイトルに記述する内容やその表し方は、直接答案の点数に反映されてくるという認識を持って、熟考しなければなりません。

(3) 図表の効果的な使い方

問題の中には、図や表を使って解答するような指示をするものがあります。現在の試験では、図や表を使う場合においても、原則として1マス1文字となりましたので、かつてよりは作成が難しくなりました。そのため、うまく短い単語で内容を表すように心がけなければ、原則を逸脱してしまい評価が下がります。そういった点でも、うまくキーワードを整理して図表を効果的に使っていくテクニックを身につけておく必要があります。

なお、図や表は文字を書くよりも時間を取られますので、その点も十分認識しておかなければなりません。特に、選択科目ではⅡとⅢを同じ試験時間帯で解答しなければなりませんので、先に手をつけた問題はよいのですが、後で手をつけた問題に図や表を使うとなると、全体の時間配分に気をつける必要があります。一方、必須科目（Ⅰ）では、答案の解答枚数の割には試験時間が長く設定されていますので、図や表を描いたからといって時間切れになる心配はないと考えます。

図や表の番号の付け方としては、次のようなルールがありますので、覚えておいてください。

(a) 表番の表記

表の場合には、次の例のように、表番とタイトルは表の上部に表記します。

表X　令和4年度技術士第二次試験機械部門申込者数

選択科目	申込者数（人）
機械設計	325
材料強度・信頼性	155
機構ダイナミクス・制御	128
熱・動力エネルギー機器	155
流体機器	106
加工・生産システム・産業機械	110

(b) 図番の表記

図の場合には、次の例のように、図番とタイトルは図の下部に表記します。

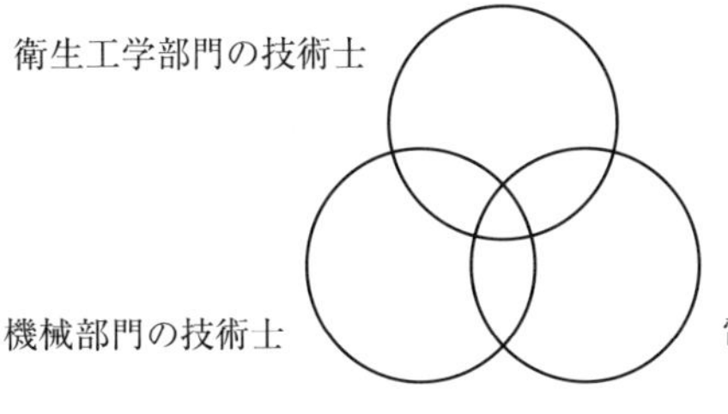

図X　技術士資格者構成

なお、図を書くときの心構えですが、図は図面とは違うものだという点を心しておいてください。ではどういった書き方が適切なのかというと、『似顔絵の描き方の要領』と考えてもらうとよいでしょう。似顔絵というのは、表現したい相手の特徴をつかんでそこを強調して書くものです、よく見ると違う点も多いのですが、全体の印象は似ていると感じるのが似顔絵です。そのように、寸法やその割合自体は図面のときの正確さは必要なく、伝えたい内容で特に重要な部分が強調されて伝わればよいのです。あまり正確さにとらわれると、かえって試験委員に理解されないか、別の点に注目が移ってしまうので、伝えたい内容に特化して簡潔に描くようにしてください。

(4) 箇条書きを有効に使う

論文のテクニックとして有効に使いたいのは箇条書きです。箇条書き自体はあまり論文力を必要としませんので、論文作成に自信がない人には有効な手法です。また、論文中での文字数調整の効果もありますので、必ず1度は使うという心構えでいるとよいでしょう。図などを文章中に入れる場合には、単語のように短い箇条書きの場合には、右側の空いたスペースに図を入れるような対応もできます。通常では、箇条書きは次のように使われます。

　具体的な再生可能エネルギーには次のようなものが
ある。
・太陽光発電　　　表1　再生可能エネルギー
・風力発電
・地熱発電
・水力発電

このように、「・」を使って箇条書きを表す方法もありますが、著者は次のような表記をお勧めしています。

　具体的な再生可能エネルギーには次のようなものが
ある。
①太陽光発電　　　表1　再生可能エネルギー
②風力発電
③地熱発電
④水力発電

次に、多くの受験者の添削をしていて気がつくのは次のような箇条書きの使い方です。

(3) 再生可能エネルギーの短所
①太陽エネルギーは地球上に膨大な量が降り注いでいるが、昼夜間格差がある。
②風力発電では昼夜間格差は生じないが、時間格差が大きく、エネルギー密度も低い。
③地熱発電は環境対策が必要になるだけでなく、温泉事業者との調整も必要となる。
④水力発電は新たに大規模なダム設備を計画する適地がなくなっており、環境面でも課題がある。

上記の例は論文の一部を示しただけですが、こういった論文を書く人は、この前に示しているはずの「(2) 再生可能エネルギーの長所」の項目でも同じような箇条書きを使って説明しているはずです。こういった論文を読んだ人の印象としては、項目と箇条書きだけで論文を作っているだけと感じるはずです。そういった論文を作る受験者は結構多いのです。あくまでも、記述式問題は論文力を試す試験ですので、内容にあたる部分まで、項目と箇条書きだけで示すのでは評価は上がりませんし、内容も決してわかりやすいものとはなりません。基本的に、箇条書きの1項目は、数行にまたがらないようにしてください。

箇条書きは、1つの項目を1行で示して、読みやすく、畳み掛けるような表記法で示すという本章第1節で示した内容を守った記述の仕方をしていくのが、効果的な箇条書きの使い方になります。

上記の文章を書き直すと次のようになります。

(3) 再生可能エネルギーの短所
再生可能エネルギーにはさまざまなものがあるが、次のような短所を持っている。
①安定性に問題がある(時間格差、昼夜間格差など)
②エネルギー密度が化石エネルギーに比較して低い
③設置場所の条件が厳しい
④付属設備の費用が高い

このように、箇条書きは簡潔な言葉や単語で読み手に趣旨だけを伝えるように作成すると、読み手も長い文章を読み続けてきた中で、一息つける場所に到達したように、楽に読み飛ばせます。また、内容を理解しやすい箇条書きを書ける人は、その能力を高く評価されるはずです。

3. 論文力を高める

これまでは、技術士第二次試験の答案論文を書く前に必要な基本知識を中心に説明をしてきました。これらは最低限知っておかなければならない事項ですが、それだけではまだ合格できる論文が書けるまでには至りません。ここからは、論文内容が評価されるために必要な技量について説明していきたいと思います。そういった点で、いよいよ論文作成のテクニックを練習する段階にきたと考えてください。これからは、実際に自分で考える練習も増えていきますので、その中で実際に出題された過去問題をいくつか参照しながら練習をしていきます。ここは、試験科目別に練習をしていく第3章以降の基礎練習と捉えて、この節に示した内容を理解していくようにしてください。

(1) 書く前に考えること

試験の答案に、ただ書きたいと思ったこと、または思い込んでしまったことを書くだけでは、合格できるまでの評価は得られません。技術士第二次試験ではすべての試験科目で60％以上の評価を得なければなりません。

必須科目（Ⅰ）は1問解答の問題で、単独で60％以上の得点を取らなければ、その年度の不合格が確定します。しかも、必須科目（Ⅰ）は午前中に実施されますので、ここで失敗すると、午後の選択科目（Ⅱ＆Ⅲ）に対応する気力が失せてしまいますから、事前の準備には万全を期す必要があります。

午後に実施される選択科目（Ⅱ＆Ⅲ）は複数の問題全体で60％を取ればよいので、個々の問題の小さな失敗は無視して、選択科目全体の点数を上げることに注力する必要があります。また、選択科目（Ⅱ＆Ⅲ）では、問題の種類によって解答枚数が違っていますので、それぞれの問題への対応の方法も多少違ったものとなります。午後の試験全体で、複数の問題を解答しなければなりませんが、そのうちの1問に手がつけられなければ、「選択科目」で合格する可能性は低くなってしまいますので、少なくともすべての問題で何らかの解答を行い、一番できが悪い問題でも、ある程度の部分点を取る必要があります。1枚解答問題である専門知識問題（選択科目（Ⅱ－1））では、かつては2問の解答を求められていたため当たり外れがありましたが、現在は、4問出題された中から1問だけを解答すればよい形式になりましたので、手がつけられないという心配はなくなっています。選択科目（Ⅱ－2）の問題についても、技術者としての経験を積んでいる受験者であれば、何らかの解答ができる問題が出題されています。すべての問題でどれだけ部分点を積み上げられるかが結果を左右しますので、論文力と解答を書き出す前の思考と推敲が重要となってきます。

一方、技術士第二次試験の筆記試験では、求められている採点基準が甘くはありませんので、1つの問題で100％の評価が得られる可能性はほとんどないと考えるべきです。ですから、選択科目（Ⅱ＆Ⅲ）においては解答した問題に対して、最悪の場合でも50％以上の部分点を取れるように答案の構成を慎重に検討する必要があります。それに加えて、解答した問題のどれかで高得点が取れたのではないかという感触を持てるようになるというのが、合格のための最低条件と考えてください。

60％以上の評価を得る答案を作るためには、最初に問題の出題意図をしっかりと読み解く能力とそのための訓練が必要となります。問題の出題意図を読み解くためには、作問委員が問題を出題した理由が何かを理解する作業が不可欠です。

技術士第二次試験では、論文の採点から口頭試験までを担当する試験委員がいますが、実はその前に問題を作成する作問委員が存在します。問題は作問委員が作成し、受験者の答案は試験委員が採点します。両委員の間では、採点基準という形で出題の意図や採点ポイントがキーワードを使って伝達され、それに従って採点が行われます。そのため、受験者は作問委員がその問題を作成した趣旨と、その中で重要と考えているキーワードが何かを最初に理解しなければなりません。

それでは、具体的にどういった検討を行わなければならないかを、機械部門に関係する次の事項で体験してみたいと思います。

> ○ VE（Value Engineering）5つの基本原則のうち3つを挙げ、その意味とVEを進めるための手順を説明せよ。
>
> （令和4年度　機械設計Ⅱ－1－4）

この問題で扱っているVEとは、工学的手法の1つで、製品やサービスの価値を、それが果たすべき機能とそれを実現するためにかけるコストの関係で示して、価値の向上を図る手法です。これは1枚解答問題として出題された例ですが、問題文は非常にシンプルにできており、問題が出題された趣旨やポイントの説明をする文章がありません。それを深く熟慮することなく項目立てすると、次のようになってしまうでしょう。

1．VEの5つの基本原則のうちの3つについて

この構成では絶対に合格点が取れないとまでは言いませんが、問題に書かれたことだけをいきなり書くだけでは、採点基準に示されたキーワードを十分に網羅するのは難しいと考えます。そのため、問題文では示されていない部分を受験者自身が補っていく作業が必要です。この問題が出題された背景や作問委員が答案として期待している内容を整理すると、次のようになります。

> VEとは
>
> 　VEの式、VEの目的
>
> 社会的背景
>
> 　VEの必要性、価値向上、VEの考え方、最小のライフサイクルコスト
>
> VEの効果
>
> 　適切な利益の確保、組織の活性化、創造性の創出、目的志向の思考力

こういった内容を答案作成前に検討した場合には、答案の構成は先に示したものとは違ってきます。

その例として、次のような構成案を考えましたので、参考にしてください。

1．VEとは
2．VEの基本原則のうち3つの意味と手順
（1）使用者優先の原則
（2）機能本位の原則
（3）価値向上の原則

このように、問題文を読み解く作業、いわゆる『腹に落とす作業』が答案作成作業を開始する前に必要となります。この作業をすると、答案の構成や論文内容が大きく違ってくるのがわかると思います。それができていないと、結局、思いつきで作った構成で取れる点数には限界がありますので、その試験科目で60％以上の点数を取るのは難しくなります。

問題を書き出す前の思考をフローで示すと、図表2.2のようになります。

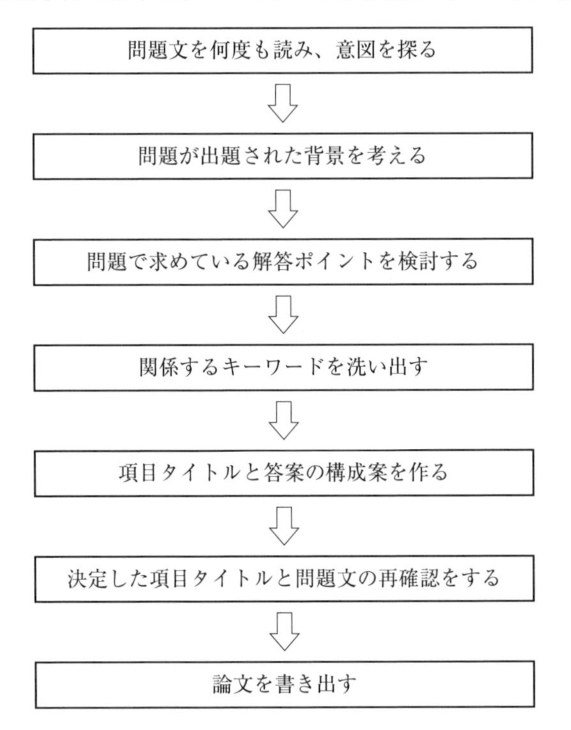

図表2.2　答案作成前のプロセスフロー

こういったプロセスをしっかり踏んで、多面的に問題の意図を探ってください。受験者が陥る失敗としては、「自分の常識と人の常識が同じ。」という思い込みがあります。答案は自分の常識で作成するのではなく、世の中や作問委員の常識に合わせて作成しなければ評価は得られません。それを合わせるためにも、定点観測法は有効な手段となります。

(2) キーワードによる採点基準

技術士第二次試験では、出題者と採点者が同じではないので、作問委員が作成した採点基準が採点する試験委員に配布され、それに基づいて採点がなされます。その採点基準は、論文に記述する必要があると考えられているキーワードによって伝達されます。そのために、論文を作成する際には、不可欠なキーワードは何かという点について最初に意識して論文構成を考えないと、論文自体は規定文字数近くまで書き上げられていても、点数は低く評価されてしまったという結果になりかねません。作問委員が必要だと考えたキーワードがどれだけ多く答案で示されているか、それが大きな採点要素である点を意識して答案は作成されなければならないのです。ただし、単にキーワードを散りばめて論文を作成すればよいというものでもありません。そこには、基本的に重要なキーワードとそれを補助するためのキーワードがありますので、それらを区別して構成を考える必要があります。その方法として、下記に示す『二段階キーワード法』と『二元キーワード法』の2つの視点を持っている必要があります。

(a) 二段階キーワード法

キーワードは2段階で構成するととてもわかりやすくなりますので、勉強する際にはそういった方法でキーワードの整理を行っておくとよいでしょう。もちろん、2段階という点にこだわる必要はなく、場合によっては3段階以上でキーワードを作っていく場合もあります。要するに、細かなキーワードをいきなり考えるのではなく、段階的に掘り下げていく、『キーワードドリルダウン法』が二段階キーワード法と考えてもよいでしょう。

たとえば、地球温暖化問題というテーマで、ドリルダウンしていくと、図表2.3のようになります。

図表2.3　二段階キーワード法（例）

テーマ	地球温暖化問題
第一段階	温暖化ガス、二酸化炭素、化石エネルギー、再生可能エネルギー、自然エネルギー、自動車社会、物流効率、パリ協定
第二段階	太陽熱利用、太陽光発電、水力発電、海洋エネルギー、地熱エネルギー、風力発電、電気自動車、水素社会、燃料電池、二酸化炭素地下貯蔵

このように、大きな括りから小さな項目へとキーワードをドリルダウンしていくと、キーワードの生成が進みますし、整理をしながらキーワードを生成できますので、答案を作成する際にも、頭の中が整理されて整然と書き進められます。こういったキーワードの中には、カルノーサイクル、センサ、インターネット、ライフサイクル○○などのような、機械部門では一見すると一般的な言葉と考えるようなキーワードも挙げておかなければなりません。さらに、問題文で示されている言葉であっても、必要なものはキーワードリストにすべて示しておく必要があります。それらを含めると、労せずして数十個のキーワードが現れてきます。結局、こういった作業は論理的で読みやすい答案を作るためには必要な手順となりますし、キーワードの整理をしていく作業中に自然と論文の構成が定まってきます。

(b) 二元キーワード法

もうひとつの視点は、2つの次元からキーワード分析を行う二元キーワード法です。技術士第二次試験論文は技術論文ですので、当然、技術的な視点によるキーワードというのがあります。その例を前項（a）で示しました。それと同時に、技術士が職業資格であるという点から、社会的な視点でのキーワードが必要となります。上記と同様に地球温暖化問題というテーマで、第一段階のキーワードを第一元のキーワードとして、もう一つ別の視点でキーワードを創出してみると、図表2.4のようになります。

図表2.4　二元キーワード法（例）

テーマ	地球温暖化問題
第一元 （＝第一段階）	温暖化ガス、二酸化炭素、化石エネルギー、再生可能エネルギー、自然エネルギー、自動車社会、物流効率、パリ協定
第二元	グローバルサウス経済、排出量削減目標、排出量取引、炭素税、社会制度、消費者心理、環境会計、環境家計簿、ESG投資、国際紛争、エネルギー価格

技術士第二次試験では、多面的な視点で物事を考えられるかどうかが、評価の一つになります。そういった点で、多元的、少なくとも2元の視点でキーワードの検討を行っていないと、偏った内容の解答であると判断される危険性があります。こういったキーワードは、言い換えると社会的なキーワードとも言えます。広く使われる社会的なキーワードとしては、環境、地球温暖化、省エネルギー、ユニバーサルデザイン、安全、信頼性、地域間格差、多様性（ダイバーシティ）、持続可能な開発（SDGs）、技術者倫理、人間の尊厳などに係わる言葉があります。そういった言葉の中には、常識的（あたりまえ）と感じるものもありますが、そういった言葉もキーワードとして挙げておくと、論文の奥行きが広がります。なお、採点基準に記されているキーワードを使っている場合には、そのそれぞれで加点をしていく仕組みになっています。

(c) キーワードサーフィン法

上述の手法でキーワードが抽出できたら、項目タイトルを考えながら答案構成を作っていきます。その後に本文の作成へと進みますが、このときに有効な方法として、『キーワードサーフィン法』があります。キーワードサーフィン法とは、どういったものかについて下記の例題を使って説明します。

例題

地球温暖化による気候変動は人類にとって最大の課題になっており、その対策の一つとして、再生可能エネルギーの利用が考えられている。我が国においては、再生可能エネルギーの主力電源化とエネルギーセキュリティの確立が求められている。このような状況を踏まえ、以下の問いに答えよ。

(1) 我が国において利用が可能な再生可能エネルギーを1つ挙げ、利用拡大に関する課題を多面的な観点から抽出し、その内容を観点とともに3つ示せ。

(2) 前問（1）で抽出した課題のうち最も重要と考える課題を1つ挙げ、その課題の解決策を3つ示せ。

(3) 前問（2）で示した解決策に伴って新たに生じうるリスクとそれへの対策について、専門技術を踏まえた考えを示せ。

この例題は、選択科目（Ⅲ）を想定したものですが、これに対して項目立てをすると、次の5つの項目で記述内容を検討すべきと考えられます。さらに、一般的な記述項目となる最初の2項目については、キーワード分析方法を使って抽出したキーワードも表記すると、次のようになります。

0. 基本キーワード

二酸化炭素、温暖化ガス、気候変動、自然災害、LNG争奪戦、化石エネルギー、再生可能エネルギー、無尽蔵、安定供給、持続可能な開発

1. 利用可能な再生可能エネルギーの種類

水力発電、風力発電、太陽エネルギー、太陽光発電、太陽熱利用、海潮流発電、地熱発電、海洋温度差発電、潮汐発電、バイオエネルギー、物理エネルギー、廃棄物発電、未利用エネルギー、廃熱利用、下水熱利用、ネガワット

2. 再生可能エネルギーの利用促進における課題

経済性、自然災害対策、環境対策、自然環境との調和、季節間格差、間欠的、地域格差、地域条件、必要面積、時間格差、安定性、エネルギー密度、希薄性、付属設備費用、食料問題、設備寿命、保守技術、蓄エネルギー技術

3. 最も重要な課題を解決するための技術的提案

4. 技術的提案がもたらす効果

5. 技術的提案を遂行するための方策

3項以降は、受験者の選択した内容によって課題も提案内容も変わります。また、3枚解答問題ですので、解答のスペース配分としては、1項から3項までで2枚、4項と5項を1枚にまとめるというのが、一般的な配分になると思います。そのため、第1項の「再生可能エネルギーの種類」の部分をキーワードサーフィン法で論文化すると、次のようになります。なお、第1項を最初の2/3枚（25行×2/3≒17行）程度で記述するという条件で解答例を作ってみます。

1．再生可能エネルギーの種類
　最近では、二**酸化炭素**などの**温暖化ガス**排出量が増
加するとともに、**地球**が**温暖化**しているといわれ、地
域的に**気候変動**による**自然災害**の影響が出てきている。
こういった現状に対し、**持続可能な開発**という概念が
国際的に広がっている。それを実現するためには、**化**
石エネルギーに頼っている現状から、**再生可能エネル**
ギーを活用した社会構造を実現する必要がある。**再生**
可能エネルギーとは、**太陽エネルギー**や地球自体が持
っている**物理エネルギー**などを利用するものをいう。
　具体的には、**太陽エネルギー**を直接熱や電気として
利用する**太陽熱利用**や**太陽光発電**とともに、植物とし
て育成して、**バイオエネルギー**として間接的に利用す
る方法がある。また、地球の物理的なエネルギーを利
用する、**水力発電**、**風力発電**、**海潮流発電**、**地熱発電**、
海洋温度差発電、**潮汐発電**などもある。これらは、ど
れも**無尽蔵**で**再生可能**という特徴を持っている。

この例では、キーワードだけでも、文章の3分の1程度を占めるほど使っているのがわかると思います。このように、抽出したキーワードを使って、それらの間を文章でつないでいく方法をキーワードサーフィン法と監修者は呼んでいます。これは、採点基準としてキーワード加点形式を使っている技術士第二次試験では非常に有効な方法の1つです。この文章中で利用しているキーワードを、先に説明した二段階キーワード法と二元キーワード法を使って準備しておくと抜けがなくなり、容易に文章化できるのがわかります。

なお、この方法は絶対使わなければならないというものではなく、文章を書

くことに苦痛を感じるような人は、作文に慣れるために一度試してみる価値はあると思います。

(3) 表現についての注意事項

技術コンサルタントは、顧客にとっては技術分野で最も頼りになる知恵袋という位置づけにあります。そういった人がわからない事項をわかったように話すのは資質的に問題があるので論外ですが、意見として進言するときに、あいまいな表現を使うのも問題です。また、視点が狭いと思われる表現も避けなければなりません。しかし、添削指導をしていて、技術士第二次試験の解答案で実際にそういった場面に遭遇する場合が結構多くあります。

(a) あいまいな表現

論文の記述とは直接関係ありませんが、口頭試験で質問の内容や意図がわからなかったにもかかわらず、勝手な解答をして口頭試験に失敗する人が結構いると試験委員をしていた友人から聞いています。わからないものは、「わかりません。今後勉強します。」と答えなければなりませんし、質問の意味が捉えられなかったものについては、「今の質問の意味が理解できなかったので、もう一度お願いできますか？」とか、「いまの質問は○○について意見を述べるようにという理解でよろしいですか？」といった質問をして、確認をしなければなりません。それは、専門家としての質を高めるために必要な基本姿勢です。

それと同様に、論文においてもあいまいな表現を使うのは専門家としての質を落としてしまいますので、注意しなければなりません。例えば、十分な知識を持っていない内容に対して、「○○と思う。」とか、「○○ではないかと考える。」などの、明らかにあいまいな表現を使ってごまかしてしまう方法は避けなければなりません。もちろん、事実を正確に知っているというのが一番よいのですが、筆記試験においては、自分でもあいまいな知識レベルだと感じている内容を記述しなければならない場面に直面する場合があります。そういった際には、できるだけ試験委員にあいまいさを感じさせない表現方法を用いなければなりません。具体的な例としては、「一般に○○といわれている。」とか、「通常は○○と判断される。」というような表現になります。もちろん、十分な知識がないので正確な解答ができないのは仕方がありませんが、それを表に出さないように表現を工夫する必要があるのです。もちろん、書いた内容自体が誤りであると判断された場合には当然減点されますが、結構、さらりと流してもらえるような表現方法がありますので、工夫してみてください。そういった例を、図表2.5にいくつか挙げてみます。

図表2.5　あいまいな表現と適切な表現の違い例

あいまいに感じる表現	技術者として適切と言える表現
この方法は問題があると思う	この方法にはまだ改善の必要性がある
環境に悪影響があるのではないか	一般に環境に悪影響を及ぼすと考えられている
大幅な効率アップがなされると思う	大幅な効率アップが期待されている
問題があるのではないかと思う	一般的には、問題があると考えられている
化石エネルギーは将来枯渇すると思う	化石エネルギーは再生可能エネルギーに比して枯渇エネルギーとされている

(b) 検討の視野が狭いと感じる場合

論文で示されている内容が、検討範囲として狭い視点にとどまっている場合にも、論文の評価は低くなってしまいます。その典型的な例が経済性に関する表現です。以前は、経済性というとイニシャルコスト面での記述が主体を占めていました。その後、ランニングコストの視点での記述が不可欠と言われていましたが、最近では廃棄物処理費用やリサイクル費用までを含めたライフサイクルコスト（LCC）の視点での記述が求められるようになってきています。同様に、環境負荷についても、運転中の二酸化炭素排出量だけではなく、廃棄される際の環境負荷までを検討した説明がなされていなければ、技術士としての評価が得られなくなってきています。そういった点で、「ライフサイクル」というような概念を持って答案を作成しなければならない問題が多くなっています。さらに、安全についての考え方も、単に安全率という数字で見るだけではなく、重度障害率などの数字がどうなっているかなども検討項目とされ、一面だけから内容を捉えていないかをチェックするような傾向が強くなってきています。

そういった視点では、技術者倫理を含めた判断基準も論文では重要なポイントとなりますし、顧客や社会へのアカウンタビリティについても考慮して答案を作成しなければなりません。また、リスクマネジメントという視点での検討を行わなければならない場面もあります。最近では、技術の及ぼす影響が今後も大きくなると考えられていますので、その点を十分に理解していることを表明しながら、広い視野で検討ができているという点をアピールするような論文に仕上げていかなければなりません。公表されている評価項目に示されている『技術士に求められる資質能力（コンピテンシー）』にもこれらの内容が挙げられています。

(c) 強調の方法

論文の書き方の中には、上記に例示したような論文の評価を落とす結果となるものがありますが、逆に効果を上げる手法もありますので、そういった方法も知っておくべきです。特に技術分野においては、すべての点で優れているという技術や素材はめったにありません。1つの技術や素材には必ず優れた部分と劣っている部分がありますので、優れた部分を強くアピールする方法を知っておく必要があります。

① 対比して示す方法

書き方によって、当たり前のことと判断されてしまう場合や、絶対的な評価からは最高と言えないものを評価する場合には、対比した表現を用いると効果的です。

（例）

「二酸化炭素の排出量は、天然ガス（LNG）を燃料とすると、石炭を燃料とする場合の2/3まで減らすことができる。」

二酸化炭素の排出量は、再生可能エネルギーを活用する方が少ないのですが、逆に劣っている石炭と比べることによって、LNGの方が優れているという方法で強調します。

② 劣った点を示した後に、優れた点を強調する方法

劣っている部分と優れている部分を双方比較して、優れている部分を強

調する方法があります。具体例として、次のような表現方法があります。

（例1）

「ヒートポンプは瞬時に大量の熱を作ることはできないが、大気中の熱を汲み上げる動作にだけエネルギーを使うので、効果対エネルギー比である成績係数は5～6にもなり、高い省エネルギー性能を発揮する。」

（例2）

「○○法にはイニシャルコストが高いという問題はあるが、得られる効果は△△法の数倍にも匹敵する。」

このように、劣った部分を先に示しておき後で優れた部分を示すと、読む人には優れた部分が強調されて印象として残ります。

③　工夫した点を強調する方法

劣っているものに対して、新たな考え方や工夫によって改善するという形で、工夫した部分を強調する方法も効果的です。

（例）

「電気自動車は、現状の連続走行距離はガソリン車に比べて短いが、新たに開発した電池技術と充電ステーションなどの社会インフラの充実により、運輸部門の環境性能を大幅に改善することができる。」

このような工夫を強調する方法は、問題解決能力をアピールしなければならない必須科目（Ⅰ）や選択科目（Ⅲ）の答案で用いると効果的となります。

④　一部を強調する方法

全般的な内容には触れずに、問題となっている部分にのみ注目して、その点で大幅な利点があることを強調する方法です。具体的には、次のような表現方法があります。

（例1）

「ペロブスカイト太陽電池の特長は、フレキシブルで軽量であるので、設置できる場所を大幅に広げることができる点である。」

（例2）

「太陽エネルギーは、地球上に毎秒42兆kcalも照射されており、少なくとも、供給量の点では問題ない。」

どちらの例も、エネルギー変換効率の低さやエネルギー密度の希薄さなどの点には全く触れずに、設置場所の条件の緩和やエネルギー供給量の点だけを文章中で指摘して強調しています。

(4) 省略文字と略記

記述式問題は、受験者が手書きで答案を作成しなければならない試験ですので、答案の文字については、少なからず評価に影響すると考えなければなりません。ただし、それは単に字を書くのが下手かどうかという点ではなく、字に自信がない人でも、丁寧に書いてさえいれば、試験委員はそれを理解してマイナスの評価はしませんので、その点は心配しないでください。それは、著者らのようにきれいな字を書くのに自信がない人間でも、技術士第二次試験で丁寧に答案を書いたことで合格している事実からも明らかです。ここでは、そういった内容ではなく、どちらかというと読み手に不親切さを感じさせるような事項について説明します。

(a) 省略文字

文章を手書きで書く場合に、漢字を省略して書く習慣を持っている人が多くいます。そういった人は、試験の際には誤った文字を書く危険性がありますので、注意しなければなりません。結構多い省略文字としては、機械の「機」を「杁」で表したり、「門」を「门」と書いたりするような癖がある人がいます。そういった省略文字に慣れている人は、早めに自分の癖を直しておいてください。受験者の中には、あまり字を書くのに自信がないとか、文字に癖があったり、読みやすい字が書けないというコンプレックスを持っていたりする人がいます。試験委員はそういった点は認識しており、それで不合格にするようなことはしないと思いますが、読めない字があれば話は別です。試験委員は受験者が丁寧に答案を書いたのか、そうではないのかは自然にわかりますので、受験者は丁寧に文字を書くという姿勢を持って答案を作成する必要があります。まして、文字の略記という行為は、試験委員に対して礼を失する行為ですので、絶対に慎まなければなりません。かつての技術士第二次試験では短時間に多くの文字数を書かせていたため、時間的な制約から文字が乱雑になってしまう場面もあったと思います。しかし、最近では、試験時間の点では、かつてよりは余裕がありますので、丁寧に文字を書くために少しゆっくりめに記述しても、答案を作成できる時間が与えられています。決してあせらず、丁寧に答案を作成するようにしてください。

(b) 略記

技術論文には専門用語として長い表現を使わなければならない場面が多くあります。そういった場合に、毎回その表現をしていたのでは、文字数制限の点で十分な内容を表現できなくなります。そういった場合には、略記の注釈を入れて、以後は略記するという形をとってください。具体的な例としては、次のような形になります。

　道路交通の円滑化の方策として、高度道路交通シス
テム（以下、ITSという）の活用が期待される。ITS
とは、人・道路・車両を情報通信技術によって結びつ
け、経済効率を高めると同時に、環境問題を解決しよ
うとする交通システムである。

この例のように、略記をするということを論文中に明記して、以後は略語で説明していく方法を取らなければなりません。

略記説明の方法としては、次のような方法があります。

① 高度道路交通システム（以下、ITSという）

② コージェネレーションシステム（以下、コージェネ）

③ ライフサイクルコスト（LCC）

④ LRT（次世代型路面電車システム）

このように、長い言葉を省略するのであれば、①や②の方法が一般的です。また、その技術部門である程度広く使われている単語であれば、同じような略記英文字と誤解されない程度の注釈である、③や④のような書き方で十分です。ただし、実際の試験では、どういった単語までを注記して略記を示さなければならないかという判断が難しいとされています。そういった際の判断基準としては、通常の家庭が月ぎめで取っている新聞（一般紙）に使われている言葉であれば、注記する必要はないと考えられています。例えば、二酸化炭素を「CO_2」と書いたり、情報通信技術を「ICT」、人工知能を「AI」と書いたりしたとしても全く問題ないでしょう。現在一般紙で用いられているということは、一般の人にもすでに広く認知されている言葉であるという証になるからです。また、専門分野では常識となっている言葉として、機械部門であればNPSH（正味吸込ヘッド）などがありますが、そういったものはそのまま使えます。もちろん、問題文中で上記の③や④のような表現が使われていた場合においては、論文中では最初から注釈なしに略語を使っても問題ありません。

(c) カタカナ表記文字

日本語には多くのカタカナ表記文字があります。そういった文字で気になるのが、「ー」を付けるかどうかという点です。そういった判断も一般紙でどう使われているかで判断するのがよい方法です。図表2.6に示した単語は、専門書や専門雑誌では左側の「表記1」の使い方が多くなされていますが、一般紙などでは右側の「表記2」の使い方がされています。こういったものは、結局どちらを使っても間違いではありません。しかし、間違えてはいけないのは、1つの答案の中でこれらを混ぜて使わないという点には注意してください。

図表2.6　カタカナ表記文字の使い方1（例）

表記1	表記2
エスカレータ	エスカレーター
データセンタ	データセンター
セキュリティ	セキュリティー
センサ	センサー
サーバ	サーバー
モータ	モーター
ユーザ	ユーザー
マネジメント	マネージメント

具体的な例として、添削をしている場合に結構気になるのが、1枚目ではセンサーと表記しておきながら、2枚目ではセンサと書いているような場合です。あえて変えていると捉えると、違ったものをわざわざ意識して区別しているのではないかという判断もでき、採点する側が混乱するからです。そういった結果にならないように、普段からどちらを使うかを決めておくとよいでしょう。このような点に気をつけて新聞や雑誌を読んでいると、どちらが自然であるかがなんとなくわかってきますので、その中で自分の方法を決めていけばよいでしょう。

同様に、カタカナ表記文字で複数の方法があるものとして、図表2.7のような例がありますが、これらも統一して使えば、どちらが正しいというものではありません。

図表2.7　カタカナ表記文字の使い方2（例）

表記1	表記2
デジタル	ディジタル
コージェネレーション	コ・ジェネレーション
ケース　バイ　ケース	ケース・バイ・ケース

(5) 技術者の癖

技術者が書く論文を読んでいる際に、技術者には特有の癖があるなと感じる場合があります。その1つは、多くの内容を「こと」とか、「もの」という言葉で代用する癖です。もちろん、そういった言葉を全く使ってはいけないという意味ではなく、何でもそれで代用してしまうために、説明している内容がわかりにくくなってしまっている場合が非常に多いのです。

それでは、次の例文を読んでみましょう。

　既設設備を増設することが顧客より依頼されたので、新設設備の設計を行い、増設工事を実施した。しかし、運転後数週間で化学装置が正常に運転できなくなり、その原因を追究することになった。その結果、従来から用いていた主要配管部の一部に問題があるということが判明した。このことは、既設設備にすでに欠陥があったことを意味しており、今回新規に増設したことが原因ではないことを意味する。私は、この直接的な原因である配管に対して、材質を変更することによって、設備の安全性が高くなるということを経験から知っていたので、材質を変更することにした。しかし、ここで顧客より指摘されたのは、それを技術的に証明することである。要するに、その技術的根拠がどういった公のデータに基づいているのかを示すことができる資料のことであった。

この文章でも、ある程度は内容を理解できるのですが、読み手の立場からすると、すべての「こと」が表している内容を読み手が解釈して文章を理解しなければなりません。しかし、試験委員には読む義務はあっても、文章の内容を推し量って理解しなければならないという義務はないため、理解しにくい文章についてまで、苦労して内容を理解しながら何度も答案を読み返そうとはしません。試験委員は、決められた短い採点期間の中で、すべての受験者の答案を読んで採点しなければならないのですから、理解できない答案には低い点をつけ、読みやすい答案には高い点をつけることで試験委員の仕事は果たせるのです。結局、試験委員に理解しやすい答案を作る義務は受験者側にあり、それを実現するために配慮しなければならない義務も受験者にあるのです。

それを前提にして、次の文章を読んでみてください。

　既設設備を増設する計画を顧客より依頼されたので、新設設備の設計を行い、増設工事を実施した。しかし、運転後数週間で化学装置が正常に運転できなくなり、その原因を追究することになった。その結果、従来から用いていた主要配管部の一部に問題があるという結論を得た。このことは、既設設備にすでに欠陥があったという事実を意味しており、今回新規に増設した部分に原因はないという結論になる。私は、この直接的な原因である配管の材質を変更する方法によって、設備の安全性が高くなるという点を経験から知っていたので、材質を変更する提案を顧客に行った。しかし、ここで顧客より指摘されたのは、それを技術的に証明するデータである。要するに、その技術的根拠がどういった公のデータに基づいているのかを示す資料の提示であった。

このように、「こと」が意味している内容を正確に示すと、文章の理解度も大幅に変わってきます。その結果、読み手に素直に理解できる文章になっていきます。

一般的に、「こと」を使う場合には、次のようなケースがあります。

①　前述した文章を指す「こと」

②　何かの事実を示す「こと」

③　場合（ケース）を示す「こと」

④　結果を示す「こと」

⑤　事項や内容を示す「こと」

⑥　無意味（不要）な「こと」

こういった点を理解して、読み手に抵抗なく内容が理解してもらえる文章を作るという基本姿勢が大切です。ここでは、何も「こと」だけを意識してもらうのが目的ではなく、誰にも文章の癖がありますので、そういった癖のすべてはなくせないまでも、少なくとも読み手が理解しやすい文章を作る習慣をつけておかないと、本番の試験でその悪癖が出てしまい、結果的に希望する評価が得られないという点を理解してもらえればと思います。

それでは、もう1つ別の例題を見てください。これを読んで、自分ならどう書き換えるかをやってみてください。

　コンサルタントが顧客への説明資料を準備しようとする際には、いままでに行った業務の中で用いた資料で有効なものがないかという視点で考え始めることが多い。しかしながら、コンサルタントに求められていることは、あくまでもその顧客のために有益なものであるということを忘れないようにしなければならない。コンサルタントというのは、言い換えれば顧客の立場になって、専門的な知識と経験を活用することによって、具体的な成果を上げられることを提言できることである。そのため、これまでの経験という視点で与えられたことを分析し、分析したことをさらに自分で消化してまとめ上げることから始めることが必要である。本質的には、何を結論とするかではなく、どのような技術的課題が内在しており、それに対してどう解決していくのかを創造し、いくつかの検討案から最も優れたものや効果の高いものを選択して提言していく能力が求められる。

それでは、次を読む前に、自分で書き換えをしてみてください。

読者の考えでいろいろな書き換えが可能ですが、大幅な書き換えをしないという前提で、書き換えた例を1つ示します。

　コンサルタントが顧客への説明資料を準備しようと
する際には、いままでに行った業務の中で用いた資料
で有効なものがないかという視点で考え始める**場合**が
多い。しかしながら、コンサルタントに求められてい
る**の**は、あくまでもその顧客のために有益な**提言**であ
るという**本質**を忘れないようにしなければならない。
コンサルタントというのは、言い換えれば顧客の立場
になって、専門的な知識と経験を活用**して**、具体的な
成果を上げられる**内容**を提言できる**能力を持つ人であ**
る。そのために、これまでの経験という視点で与えら
れた**事項**を分析し、分析した**結果**をさらに自分で消化
してまとめ上げる**作業**から始める**必要がある**。本質的
には、何を結論とするかではなく、どのような技術的
課題が内在しており、それに対してどう解決していく
のかを創造し、いくつかの検討案から最も優れた**手法**
や効果の高い**方法**を選択して提言していく能力が求め
られる。

この文章では、書き直しをした部分を太字にしておきましたので、どう修正したかがわかったと思います。このように、言いたい内容を正確に表す言葉で書き換えると、読み手が途中で疑問を抱かず、自然に理解できる文章になるのがわかると思います。基本的にボキャブラリー（語彙）力になりますが、そんなに難しいレベルの話ではありません。基本的に、「内容が理解しやすくなる適切な言葉を選択して文章を作成する」という意識を持って答案に向かえば十分できるレベルです。こういった配慮ができるような練習を普段からしておくと、本番の試験で自然にそういった文章が思い浮かぶようになります。

(6) 答案用紙に慣れる

これまでの説明の中でいくつか例文を示してきましたが、その際には、技術士第二次試験で用いる1行24字の答案用紙形式を用いています。それは、技術士試験の答案を考える場合には、文字数を行で判断する方法になじんでもらいたいからです。実際の試験では、その項目を何字程度で示そうかと考える場合に、行数でそれが認識できるようになっていると、本番の試験で実際に書いている文字数が想定よりもオーバーしているのか、量的に不足しているのかが感覚的にわかるようになります。これは試験では重要な能力になりますので、今後練習する際には、次ページに掲載した答案用紙をA5からA4に拡大して使うようにしてください。

過去問題を使った練習をする際には、本項 (1) で示したような方法で、項目立てを行いますが、その場合に各項目の目標行数もあらかじめ定めておかなければなりません。それは、この技術士第二次試験がキーワードによる採点基準に従って評価が行われますので、どの項目においても、キーワードを不足なく示す必要があるからです。理想的には、均等に配分して論文を書くのが一番よいのですが、実際の試験では、内容的に得意な部分と、知識が不足している部分があるはずです。それを考慮して、全体の文字数が指定枚数に近くなるように配分してください。添削指導の場合には、各項目の目標行数の枠外に薄く鉛筆でマークを入れて、そこを目標に各項目を仕上げていく練習をするように指導していました。もちろん、目標を立ててそのとおり論文を作れるほど論文力がある人は問題ありませんが、そういった人は少ないのが現実です。多くの受験者は、目標に達しないで1項目が終了したり、目標行数をオーバーしてもまだ終わらなかったりする人がほとんどです。目標に達しない場合には、その項目は少なめに終わり、次の項目で箇条書きを多くするなどの対策をして、行数を最初の目標より増やして、次の項目でマークした行数まで持っていくようにすればよいのです。また、オーバーした受験者は、次の項目をあっさりと済ませるように心がけて調整をします。特に、オーバーしそうな場合には、先にマークを付けた行の3行程前から、その内容を収束させるように文章をまとめていくようなフレキシブルな対応が必要です。そういった配慮をしながら答案

技術士第二次試験答案用紙

受験番号		技術部門	部門	※
問題番号		選択科目		
答案使用枚数		専門とする事項		

○受験番号、問題番号、答案使用枚数、技術部門、選択科目及び専門とする事項の欄は必ず記入すること。
○解答欄の記入は、１マスにつき１文字とすること。（英数字及び図表を除く。）

●裏面は使用しないで下さい。　●裏面に記載された解答は無効とします。　24字×25行

を作成していくために、書き出し前に目標行数を答案用紙の隅にマークを付けておくのです。このように、書きながらも各項目の目標を常に意識して、答案作成を進めていく練習をしておいてください。

なお、筆記試験の過去問題練習では決してワープロを使わないようにしてください。ワープロの大きな特長の1つに、文章を後から挿入できるという点があります。そのため、思考が深く進められていない段階でも、ワープロ作成ではとりあえず文章の作成を始めることができます。結局、できあがった論文自体の完成度が高くても、ワープロを使って作文を練習した受験者が本番の試験で実力を発揮できない場合は多いのです。それは、本番の試験では、書く前に答案の最終構成を頭の中で確定させてからでなければ書き始められないからです。本番の試験は手書きが条件ですので、途中で文章を挿入できません。練習の際にその緊迫感を実感していない人は、本番で実力を発揮するのは不可能でしょう。また、漢字についてもワープロは変換でいくつかの単語例を表示してくれ、その中から選択して正しい漢字を使いますが、本番の試験は手書きですので、受験者の頭の中に浮かばない漢字まで引き出すことはできません。手書きで論文を書きながら、漢字を自分の頭の中に覚えこみ、それを引き出す練習をしておかないと本番で苦労をします。漢字は、書かれているものを読むのは結構楽なのですが、書きたい漢字を頭の中から引き出して、文字に表すのは大変なのです。しかし、それも練習を繰り返していると、何とかできるようになりますので、練習は手書きで必ず行ってください。

(7) 150字法による練習

これまでの説明が理解できていれば、論文作成の基礎はできたと言えるでしょう。しかし、実践をするとなると、まだ心配という人もいると思いますので、苦にならない文章の書き方練習法を最後に説明したいと思います。

技術士第二次試験の筆記試験の問題は、次の方式のどれかで出題されます。

① 1枚（600字）問題：選択科目（Ⅱ－1）

② 2枚（1,200字）問題：選択科目（Ⅱ－2）

③ 3枚（1,800字）問題：必須科目（Ⅰ）、選択科目（Ⅲ）

それぞれの問題は、いくつかの項目に分けて解答を行いますので、実際は、短い文章の集合体という形で答案は作成できます。ですから、項目を書きやすい文字数に分割すると、文章が苦手な人にも答案が書きやすくなります。実際に文章を書いた場合には、100字である程度の内容を示そうとすると、文字数が少なすぎるためにかえって高度なテクニックが必要となります。逆に200字を超す文字数で書こうとすると、文章のまとめ方が難しくなってきますし、冗長な文章を書いてしまう危険性もあります。そういった点で、書くのに最も苦労が少ない量として、150字程度の内容記述法が有効となります。150字程度の量は、十分な内容が示せる分量でありながら、文章を作る際の苦痛が少ない分量なのです。そのため、添削指導で文章作成に苦手意識を持っている受講者に勧めて好評を得ていた方法です。それでは、具体的な問題でその構成を作ってみましょう。

(a) 1枚論文

選択科目（Ⅱ－1）では1枚問題が出題されていますので、「機械設計」で出題された問題を例として取り上げます。

○　塑性加工は、金属材料の加工方法として物質の塑性変形を利用し目的の形状を得る方法である。以下の塑性加工方法から3つを選択し、その特徴を述べよ。更に適用される部品の例や加工上の注意点を述べよ。

（令和5年度　機械設計Ⅱ－1－1）

鍛造加工、圧延加工、引抜き加工、押出し加工、せん断加工、曲げ加工、絞り加工

この問題の構成案としては、次のような形が考えられます。

1. 鍛造加工
 (1) 特徴
 (2) 適用される部品例と加工上の注意点
2. せん断加工

(1) 特徴
(2) 適用される部品例と加工上の注意点
3. 曲げ加工
(1) 特徴
(2) 適用される部品例と加工上の注意点

次に、「材料強度・信頼性」で出題された問題を例として取り上げます。

○　安全寿命設計及び損傷許容設計について、それぞれの概念、手法の概要及び適用上の技術的留意点を述べよ。
（令和5年度　材料強度・信頼性Ⅱ－1－3）

この問題の構成案としては、次のような形が考えられます。

1. 安全寿命設計
(1) 概念と手法の概要
(2) 適用上の技術的留意点
2. 損傷許容設計
(1) 概念と手法の概要
(2) 適用上の技術的留意点

これらの問題のように、説明する項目が3～4項目になる問題は多くあります。3項目の問題は、1項目でタイトル行1行＋解答内容7行で記述すればよいので、1項目で160字程度の文章を書く力があれば、解答できる問題と言えます。また、記述大項目は2項目であっても、それぞれの原理と特徴など2項目を説明させるような問題も多く出題されていますので、4項目の内容を記述すればよい問題もあります。このように、1枚問題は1項目を140字～160字で記述すれば解答できる形式の問題が出題されています。

(b) 2枚論文

選択科目（Ⅱ－2）では2枚問題が出題されていますので、「加工・生産システム・産業機械」で出題された問題を例として取り上げます。

> ○ 切削加工プロセスに関連する様々なデータを収集・分析することで、プロセス状態の監視から改善までを行うことができる。切削工具の仕様を変更したところ寸法にばらつきが生じてしまうようになった。あなたがこの業務の改善担当者に選ばれたとして、下記の内容について記述せよ。　　　（令和5年度　加工・生産システム・産業機械Ⅱ－2－1）
> (1) 収集データを含め調査、検討すべき事項とその内容について説明せよ。
> (2) 業務を進めるための手順を列挙して、それぞれの項目ごとに留意すべき点、工夫を要する点を述べよ。
> (3) 業務を効率的、効果的に進めるための関係者との調整方策について述べよ。

この問題の構成案としては、次のような形が考えられます。

(1枚目)

> 1. 調査、検討すべき項目
> 　切削工具の変更前後の使用、切削条件（切削速度・回転数・送り量・切り込み量などの数値）のデータ収集と比較、切削後の寸法データの収集・比較・分析

注記：記述量としては、1枚よりやや少ない程度になります。

(2枚目)

> 2. 業務を進めるための手順
> (1) 業務手順
> (2) 留意すべき点と工夫を要する点

3. 効率的・効果的に進めるための調整方法

応用能力問題では、特定の受験者に有利とならないように、受験者によって対象物を自ら設定できるよう、テーマが大まかになっている問題が多くあります。そういった問題に対しては、最初に受験者が対象とする目的物を設定する項目が必要となります。ここをあいまいにして進んでしまうと、一般論的な解答になってしまい、試験委員が求めている解答レベルに達しなくなりますので、注意する必要があります。また、業務プロセスを示させるのが応用能力問題のポイントになりますので、3項に示す内容は、自分が経験した業務を棚卸して、いくつかの手順パターンを筆記試験前に検討しておかなければなりません。

(c) 3枚論文

選択科目（Ⅲ）では3枚問題が出題されていますので、「熱・動力エネルギー機器」で出題された問題を例として取り上げます。

○　カーボンニュートラル化に向けて、調整電源として期待される火力発電は、バイオマス、水素、アンモニア燃料の利用に加えて、化石燃料を利用する場合においても、燃焼排出ガスからの二酸化炭素の分離回収と貯留によるカーボンニュートラル化が必要とされる。この実施に際して、熱・動力エネルギー分野の技術者として、以下の問いに答えよ。

（令和5年度　熱・動力エネルギー機器Ⅲ－1）

(1) 火力発電の燃焼排ガスからの二酸化炭素の分離回収システムを説明し、これを実施するうえでの課題を、技術者としての立場で、多面的な観点から3つ抽出し、それぞれの観点を明記したうえで、その課題の内容を示せ。

(2) 前問 (1) で抽出した課題のうち、最も重要と考える課題を1つ挙げ、その課題に対する複数の解決策を示せ。

(3) 前問 (2) で示したすべての解決策を実行して生じる波及効果と専門技術を踏まえた懸念事項への対応策を示せ。

この問題の構成案としては、次のような形が考えられます。

（1枚目）

1. 二酸化炭素の分離回収システムと課題
 (1) 二酸化炭素の分離回収システムとは
 (2) 低圧・低濃度CO_2回収技術の課題
 (3) 他の気体・水蒸気等の混合ガス対応への課題

（2枚目）

 (4) 分離回収コスト低減への課題
2. 分離回収コスト低減への課題の解決策
 (1) 分離素材の高性能化
 (2) 装置の耐久性の向上

（3枚目）

 (3) 仕様の国際標準化
3. 解決策を実行して生じる波及効果
4. 専門技術を踏まえた懸念事項への対応策

このように、1枚の答案用紙で3つ程度の項目に分けた答案構成ができる問題が多くありますし、受験者はそれを目安として項目立てを行っていくと、書きやすい答案構成ができあがります。技術士第二次試験の答案用紙は、24字×25行でできています。1枚で3項目というと、1項目が8行程度になりますが、少なくとも1行がタイトル行になりますので、論文として示せる部分は7行になります。文章の書き始めの部分では1字下げますので、6行で143字が示せる結果となります。ですから、答案用紙の7行というのは144字～167字でその項目を書けばよいという計算になります。よって、150字程度で示す練習をしてさえいれば、筆記試験の答案は苦痛を感じることなく書き上げられます。なお、3枚目の解答に対しては、社会的状況や技術の将来性を考慮した受験者の意見を含めた記述が欠かせませんので、ここで力を発揮できるよう、事前に専門技術誌や新聞（一般紙を含む）などの解説の内容を理解しておくことが求められます。

(d) 150字法の例

それでは、150字法の例を、最近話題となっている「再生可能エネルギーの定義」について書いてみます。いろいろな書き方ができると思いますが、1つの例を下記に示しますので、参考にしてください。

1	.	再	生	可	能	エ	ネ	ル	ギ	ー	の	定	義										
	再	生	可	能	エ	ネ	ル	ギ	ー	と	は	、	化	石	エ	ネ	ル	ギ	ー	の	よ	う	に
資	源	が	枯	渇	す	る	心	配	が	な	く	、	自	然	界	で	繰	り	返	し	使	え	る
エ	ネ	ル	ギ	ー	を	い	う	。	主	な	も	の	と	し	て	は	、	太	陽	か	ら	の	エ
ネ	ル	ギ	ー	照	射	に	よ	っ	て	発	生	す	る	物	理	的	な	運	動	や	生	物	活
動	の	成	果	を	用	い	る	も	の	が	あ	る	。	そ	れ	以	外	に	、	月	と	地	球
の	引	力	の	働	き	を	用	い	る	も	の	が	あ	る	が	、	ど	れ	も	膨	大	な	資
源	量	が	存	在	し	て	い	る	の	が	特	徴	で	あ	る	。							

このように、150字法を使うと3つ程度の文章で1つの内容を表現するため、簡潔でポイントを押さえた表現方法を身につける練習ができます。

この例に倣って、実際に出題された問題を利用して、選択科目別に基礎的な内容の練習問題を作りましたので、150字法を使って、7行の解答例を作ってみてください。

○　S–N線図について説明せよ。(機械設計)

○　材料強度を評価する際に用いるひずみ速度依存性の概要を説明せよ。
(材料強度・信頼性)

○　FFTの概要を説明せよ。(機構ダイナミクス・制御)

○　水素製造に用いられる水電解技術を1種類挙げて、概要を説明せよ。
(熱・動力エネルギー機器)

○ ピトー管を使った風速計測方法を説明せよ。(流体機器)

○ 塑性加工によるネットシェイプ化の効果を説明せよ。(加工・生産システム・産業機械)

150字法で文章練習を何度も続けていると、それよりも長い論文を苦痛なく作成できるようになっていきます。そうなれば、150字法にとらわれることなく、文章が自信を持って作成できるようになるでしょう。また、過去問題を参考にして、その部分を作成する練習をするために調べた内容が、最終的にはキーワード集としてサブノート形式でまとまっていきますので、筆記試験前の資料としても活用できるようになります。

なお、この150字法もぜひ手書きで練習するようにしてください。

第3章
選択科目（Ⅱ）問題の対処法

本章以降では、第2章で説明した基礎知識を使って、実際に出題された過去問題を例題にして、実践的に勉強します。選択科目（Ⅱ）では、それぞれの「選択科目」の専門知識を問う問題と応用能力を問う問題が分けて出題されます。機械部門では、「機械設計」、「材料強度・信頼性」、「機構ダイナミクス・制御」、「熱・動力エネルギー機器」、「流体機器」及び「加工・生産システム・産業機械」の6つの選択科目がありますので、全選択科目を対象として例題とします。その中で、選択科目（Ⅱ）で求められている内容や評価される論文の書き方を習得していってください。

1. 選択科目（Ⅱ）問題が求めている ポイントを知る

試験問題を解答するためには、受験する選択科目（Ⅱ）の出題意図と求めているポイントを知らなければ、評価される答案を作成することはできません。

そのためには、公表されている試験の内容を最初に理解しておかなければなりません。

なお、技術士第二次試験では技術部門・選択科目別に試験問題を作成する権限を各作問委員に与えますので、過去には技術部門・選択科目で独立色が強い問題が出題されていましたが、機械部門の各選択科目では、他の技術部門・選択科目の問題と比較すると、違和感のある問題は過去にはほとんど出題されていませんでした。

なお、令和元年度試験から、試験科目ごとに、試験の概念や出題内容、評価項目が明確に示されるようになりましたので、機械部門を含めて技術部門・選択科目による差異はなくなっています。

(1) 選択科目（Ⅱ）の出題状況

選択科目（Ⅱ）では、すべての技術部門・選択科目で、専門知識問題と応用能力問題が分けて出題され、それぞれ複数の問題が出題された中から、受験者が解答する問題を1問選択して解答する方式が取られています。具体的には、選択科目（Ⅱ－1）で専門知識問題を出題し、選択科目（Ⅱ－2）で応用能力問題を出題しています。

出題問題数は、解答問題数の2倍程度という指針が平成25年度試験からは出されましたので、すべての技術部門・選択科目で、解答問題数の2倍の問題が出題されていましたが、令和元年度試験からは、選択科目（Ⅱ－1）では4問出題された中から1問を選択して解答する方式となりました。そのため、受験者には選択の幅が広がって、合格の機会が広がっています。一方、選択科目（Ⅱ－2）では、平成25年度試験から始まった、2問出題された中から1問を選択して解答する方式を継承しています。

機械部門ではすべての選択科目で、選択科目（Ⅱ－1）では4問、選択科目（Ⅱ－2）では2問の出題となりました。

解答枚数についても、平成25年度試験からはすべての技術部門・選択科目で統一されています。具体的には、選択科目（Ⅱ－1）は1枚解答問題、選択科目（Ⅱ－2）は2枚解答問題となっています。

(2) 選択科目（Ⅱ）の出題ポイント

選択科目（Ⅱ）で出題される内容については、『「選択科目」についての専門知識及び応用能力に関するもの』とされています。「選択科目」については、総合技術監理部門を除く技術部門で合計69の科目があり、それぞれの「選択科目」別に問題が出題されます。作問委員は1年の任期ですが、数年間継続して担当する人が多いようです。また、作問委員の交代は一斉ではなく、毎年少しずつ交代しますので、「選択科目」の出題傾向が年度によって大きく変わることは少ないようです。ただし、それぞれの「選択科目」は2名程度の作問委員しか選任されていませんので、1人の作問委員の交代によって変化が生じてしまう場合もあります。機械部門では、日本機械学会から推薦された先生が作問委員になることが多いようですので、任命された先生の専門により問題の傾向に変化があるようです。

第1章でも示したとおり、令和元年度試験からは、各試験科目の問題の「概念」と「出題内容」に加えて、「評価項目」が発表されていますので、出題の予想をする場合には、それらの内容が参考になります。それでは、専門知識問題と応用能力問題の出題内容を以下に検証してみます。

2. 選択科目（Ⅱ－1）：専門知識問題

選択科目（Ⅱ－1）の出題概念は、『「選択科目」における専門の技術分野の業務に必要で幅広く適用される原理等に関わる汎用的な専門知識』とされています。一方、出題内容としては、『「選択科目」における重要なキーワードや新技術等に対する専門知識を問う。』とされています。平成30年度試験までは、4問中2問を解答しなければならなかったために、当たり外れがある試験科目でしたが、令和元年度試験からは、4問出題された中から1問しか解答しなくてよくなりましたので、問題選択で苦労することがなくなっています。

評価項目としては、『技術士に求められる資質能力（コンピテンシー）のうち、専門的学識、コミュニケーションの各項目』となっています。

（1）出題内容

過去に出題された問題文を見ると、次ページの図表3.1に示すような内容の問いかけを行っています。このような質問形式を前提として、それに合わせて、自分で出題される可能性があると考える重要キーワードを解析して、サブノートにまとめていく作業を行っていないと、なかなか知識として頭に残らないと思います。

図表3.1に示した○○の部分に各選択科目における技術的なキーワードが入りますので、そこに入ると考えるものをサブノートにまとめてください。

また内容的には、技術の概要、原理、方法、効果、特徴、長所、短所、特質、特性、機能、種類、及ぼす影響、具体的事例、用途などが出題されています。そのような視点で、過去に出題された技術的なキーワードや新技術を逐次整理しておかなければなりません。

図表3．1　専門知識問題の問題文パターン

○○の方法を3つ挙げ、それぞれ特徴、適用例と注意点を述べよ。
○○について△△などを用いて説明せよ。
○○について原理、用途、使用上の注意点を述べよ。
○○について△△と比較して説明し、実施する際の留意点と理由を述べよ。
○○の方法と効果について説明し、△△の観点から留意点を述べよ。
○○の概念、手法の概要及び技術的留意点を述べよ。
○○について具体的に説明せよ。
○○について列挙し、それぞれの特徴を説明せよ。
○○の目的と作用を説明せよ。
○○の定義を述べ、代表的な方法を2つ挙げてそれぞれの特徴を述べよ。
○○の動作原理と特徴について述べよ。
○○の長所と短所について説明せよ。
○○について方法を3つ挙げて説明し、○○を導入する際の留意点を述べよ。
○○について説明せよ。説明には図を用いてもよい。
○○を実施する具体的な取り組み事例及び留意点を説明せよ。
○○と△△の方法の違いについて記述し、○○の△△に対する有利な点と不利な点を説明せよ。
下記の中から2つ選び、その原理と特徴、製品例を述べよ。
○○の基本構成と特徴を述べよ。
○○の製造方法の1つを説明し、製品の特性について述べよ。
○○の代表的なものを3つ挙げ、特徴と適用例を述べよ。
○○の概要と技術的特徴について述べよ。

(2) 選択科目（Ⅱ－1）の対処法

専門知識問題は、先にも示しましたが問題が4問出題され、そのうちの1問を選択して、1枚の答案用紙に解答する形式です。解答する問題数が1問と少なくなったために、選択の幅が広くなりましたので、答案が作成できる問題が1問は見つかると思います。

解答した内容を評価が得られるレベルにするためには、事前にサブノートを作り、知識の習得を図る必要があります。記述量は1枚ですので、ある程度の知識があれば、あとは論文力で得点を上げていくことが可能となります。

得点を上げるには、項目立てがしっかりできるようになるのが条件になります。答案を書くうえで最初に決めるのが、各章の項目立てです。また、心構えとして、読みやすく書くという姿勢を持っていれば、十分な点数が取れるはずです。

なお、項目立ての詳細は、この章の第4節で説明しますので、それを参照してください。

1枚論文では問題の趣旨や出題された背景を考慮して項目立てさえうまくできれば、後は少しのキーワードを使って150字法で答案が容易に作れます。1枚論文は論文作成の基礎練習になりますので、論文作成が苦手な人はこの問題から練習を始めるとよいでしょう。

(3) サブノートの作成方法例

専門知識問題を確実に得点に結びつけるには、出題される可能性があるキーワードを事前に勉強しておく準備が必要です。十分な専門知識を身につけるには、技術士第二次試験で自分が受験する「選択科目」で出題された数年分の過去問題について、項目立てとキーワード創出練習をしておく必要があります。機械部門では、令和元年度の試験制度改正で、旧10の選択科目が現在の選択科目に統廃合されていますので、相当する「旧選択科目」でのキーワードも参照してください。

なお、機械部門では、過去に出題された技術的なキーワードが再度出題されているという状況があります。ただし、キーワードは同じでも質問内容が異なっているものがありますので、(1) 項で述べたような質問に答えられるような内容で整理しておく必要があります。

そういった点で、受験する選択科目に関連する技術的なキーワードを、サブノートのような方法により作成するのが一番有効な勉強方法になります。

サブノートは勉強すべき技術的なキーワードを整理する方法ですが、受験者自身が一番やりやすい形で作ればよいので、これしかないという絶対的な方法があるわけではありません。しかし、作り方がわからない受験者には、図表3.2のような方法をお勧めします。

なお、最終的には、受験者が自分の言葉としてまとめておくことをお勧めします。作成したキーワード集が多くなるほど、合格する可能性が向上することは間違いありません。

過去5年の過去問題すべてについて技術的なキーワードを創出する

キーワードの整理をする

整理したキーワード別にインデックスを作ったファイルを用意する

定点観測法で見つけた資料のコピーまたは切り抜きを用意したファイルに収納する
（パソコン世代の方はキーワードごとにフォルダを用意して保管する）

週末等にキーワードごとに資料を読み返す

意味のわからないキーワードをインターネット等で調べてファイルに収納する

読み返した資料のキーワードについて自分の言葉で書き直してファイルする

図表3.2　サブノートの作り方（例）

サブノートのスタートは、図表3.2のようなフローで始まります。資料を集めておくだけでも筆記試験前には勉強になりますが、それらの資料を読んで自分の言葉で書き直す作業はとても勉強になります。書いてみると、キーワードの意味がより深くわかってきますし、社会的な関心や制度的な変革など、もっと知らなければならない点が見えてきます。そのような関心の広がりが、より一層深く勉強したいという意欲に変わっていきます。その結果、社会的なキーワードやすでに集めたキーワードの周辺に位置するキーワードに関する知識へと広がり、定点観測法によって資料がさらに集まりやすくなります。それらの新たなキーワードが集まることによってファイルされる資料が増え、それと同時にインデックスはさらに分化していくので、サブノートが充実していきます。

なお、パソコン世代の方はキーワードごとのフォルダを作成しておき、キーワードに関係する資料をインターネット検索して見つけたらそこに保管しておく、という方法でもよいと考えます。とにかく、自分に合った方法で受験する選択科目のキーワードの資料を準備しておけば、作問委員が考えつく問題の範囲をカバーするようになり、本番の試験で予想していた範囲の問題が出題されるようになると思います。これは著者が技術士受験講座で受講者に指導した方法ですが、これしかないという絶対的な方法ではありませんので、自分で方法が確立している人は慣れた方法でサブノートを作成してもらってかまいません。結局、サブノートを作成する際には、これまで自分が一番勉強できた方法を使うことが大切です。

(4) キーワードの勉強方法例

過去に出題された技術的なキーワードや予想される新技術に関連するキーワードを創出したら、その技術的な内容として、まずはその概要、原理、方法、効果、特徴、長所、短所、特性、機能、用途などの基本的なものを調べることになりますが、ここでその方法を紹介しておきたいと思います。

インターネット世代の受験者は、「ネット検索すればすぐに出てくる」と言われでしょうから、この方法でもよいのですが、技術士として機械部門に受験する皆さんには「機械工学便覧」をお勧めします。作問委員の先生は日本機械学会からの推薦もあると推察していますので、日本機械学会のバイブル的な存在である機械工学便覧の記載内容が採点のもととして参考にされていると推察するためです。なお、機械工学便覧は、基礎編9冊、デザイン編9冊、応用システム編11冊とかなりの量になっていますので、著者はこれらすべてが収録されている「機械工学便覧DVD-ROM版」をお勧めします。検索機能があるため、キーワードによりどこに何が記載されているのかが、すぐにわかります。

ただし、この機械工学便覧が作成されたのはちょっと古いので、新技術に関連するキーワードを検索しても出てこないものがあります。日本機械学会では、毎年その年の新技術に関連する話題を「機械工学年鑑」として発表しています。この機械工学年鑑に記載されている技術が、試験問題に取り上げられる可能性は結構高いと著者は分析しています。なお、機械工学年鑑は、日本機械学会のホームページで読むことができます。

3. 選択科目（Ⅱ－2）：応用能力問題

選択科目（Ⅱ－2）の出題概念は、『これまでに習得した知識や経験に基づき、与えられた条件に合わせて、問題や課題を正しく認識し、必要な分析を行い、業務遂行手順や業務上留意すべき点、工夫を要する点等について説明できる能力』となっています。

また、出題内容としては、『「選択科目」に関係する業務に関し、与えられた条件に合わせて、専門知識や実務経験に基づいて業務遂行手順が説明でき、業務上で留意すべき点や工夫を要する点等についての認識があるかどうかを問う。』とされています。

評価項目としては、『技術士に求められる資質能力（コンピテンシー）のうち、専門的学識、マネジメント、リーダーシップ、コミュニケーションの各項目』となっています。専門知識問題と違っている点は、「マネジメント」と「リーダーシップ」が加えられている点です。ですから、解答に当たっては、その業務の責任者として対応している点を前面に打ち出して解答を作成する必要があります。

（1）出題内容

応用能力問題においては、多くの技術部門・選択科目では、定められた出題内容に即した問題が出題されていますので、問題のパターンが決まっています。機械部門においても同様の傾向になっています。応用能力問題は、実務遂行能力を問う問題と言い換えることができ、技術者として業務プロセスを理解している人には、手がつけやすい問題となっています。応用能力問題では、設問形式の問題の出題をしていますが、それは解答させる内容を明確に設問で指示するようになったからです。

一般的には、次の構成で問題ができています。

① 問題文本文で対象とする業務を示す

② 問題文本文で解答者が責任者などの立場である点を示す
③ 設問（1）で業務において調査・検討すべき事項等を示す
④ 設問（2）で業務手順と留意点や工夫した点などを説明する
⑤ 設問（3）で関係者との調整方策について示す

具体的な例として、選択科目・機械設計で出題された問題を紹介します。

○ あなたは市場において品質不具合を発生させないように、品質工学を用い、製品機能の安定性（ロバスト性）を評価する機能性評価を取り入れた製品開発に取り組むことになった。業務を進めるに当たって、下記の問いに答えよ。（令和4年度　機械設計Ⅱ－2－2）

（1）具体的な製品を挙げ、調査、検討すべき事項とその内容について説明せよ。

（2）業務を進める手順を列挙して、それぞれの項目ごとに留意すべき点、工夫を要する点を述べよ。

（3）業務を効率的、効果的に進めるための関係者との調整方策について述べよ。

これが、現在の応用能力問題である、『「選択科目」に関係する業務に関し、与えられた条件に合わせて、専門知識や実務経験に基づいて業務遂行手順が説明でき、業務上で留意すべき点や工夫を要する点等についての認識があるかを問う。』問題の出題パターンになります。

（2）選択科目（Ⅱ－2）の対処法

応用能力問題の出題パターンを理解したところで、実際の問題に対してどう対応していかなければならないかをここで考えてみます。

専門知識問題というのは、新しい技術や手法に関しての知識や汎用的な技術知識を問うものであり、純粋にその知識があれば解答できます。キーワードも専門技術に関して整理できていれば、解答が作成できます。解答量は答案用紙1枚ですので、知識量もそれほど求められるわけではありません。しかし、応用能力問題の場合には、専門知識問題とは違って、経験の有無を問う問題になっています。そういった点で、平成24年度試験まで口頭試験前に作成していた「技術的体験論文」で必要とされていた、経験の深さに近い形の問題になっています。ただし、「技術的体験論文」とは違って、高度な専門的応用能力までは求められているわけではありません。ある程度の業務経験があり、担当した業務に対してマニュアル技術者的な姿勢で臨んでいなければ、解答できる問題になっています。言い換えると、先達の作り上げた手法を真似するだけではなく、業務の本質を理解して業務を遂行している技術者であれば、問題が求めている業務内容に合わせて、業務手順を説明できるだけの知識と経験があると考えます。技術者になって数年の受験者には難しいかもしれませんが、中堅技術者であれば対応しやすい問題になっています。

しかし、応用能力問題は専門知識問題とは違って、問題文を読んだだけで手をつけてしまうと、作問委員の趣旨を理解していない答案になってしまう危険性があります。そのため、項目立てをする前に、事前の問題分析作業が必須となります。その後に、自分が書ける範囲で得点を上げられる内容は何かを検証し、項目立てへと進む必要があります。

そのような作業を具体的に理解してもらうために、いくつかの問題例を下記に示して問題文の分析を行います。

(a) 例題1（機械設計の例）

○　あなたは新製品開発のリーダーとして開発全般を取りまとめながら開発を進め、新製品の試作品が完成した。試作品の試験（運転試験、耐久試験、型式試験など）を実施したところ製品を構成する機械要素（歯車、軸、軸受、軸継手、ばね、ダンパ、ねじ・リベット等の締結要素、シール、カム・プーリ・ワイヤロープ・チェーン等の動力伝達要素、他）の1つで不具合が発生した。あなたは発生した不具合を調査して原因を究明し、製品を完成させるための対策の指揮を取ることとなった。下記の内容について記述せよ。　（令和5年度　機械設計Ⅱ－2－2）

(1) 試作した新製品の概要を述べ、不具合が生じた機械要素とその不具合を説明せよ。そして、不具合要因の因果関係を整理して分析する手法などを用いて、要因を究明するために調査、検討すべき事項を挙げよ。

(2) 調査、検討すべき事項の中から要因と判断した項目の調査結果と判断した理由を述べ、その対策を立案するに当たり留意すべき点、工夫すべき点を述べよ。

(3) 不具合に対する対策内容を説明せよ。また、対策を決定する際の関係者との調整方法について述べよ。

【前提となる条件】

①問題が出題された背景：新製品開発における試作品の試験での不具合回避

②目的：不具合が発生した機械要素の原因を究明して新製品を完成

③対象とする分野：新製品の試作と構成する機械要素

④条件：不具合要因の因果関係を整理して分析する手法により、不具合の要因を究明

⑤立場：新製品を完成させるため対策の指揮を取る責任者

この問題は、新製品を構成する機械要素（歯車、軸、軸受、軸継手、ばね、ダンパ、ねじ・リベット等の締結要素、シール、カム・プーリ・ワイヤロープ・チェーン等の動力伝達要素、他）がどのように使用されて何が原因で不具合を生じるのか、関連する機械要素との因果関係も含めた記述を求められています。機械要素は、ほとんどの場合において最初から寸法・形状などを設計することはなく、標準的に製作された部品を購入して機械製品に組み込みます。使用される材料も標準的な材料で製作されています。機械製品の設計者は、これらの機械要素をどこに、どのように使用するかを計画・設計して、その目的に見合った機械要素を選択することになります。また、機械要素はそれぞれを組み合わせて一つのブロックとして使用されることも多々あります。高度で複雑な動作をする機械装置であっても、各種多様な機械要素で構成されている場合が多くあります。そのような機械要素の用途・目的・構造・寸法などを熟知

しておく必要があります。

（b）例題２（材料強度・信頼性の例）

> ○　長年使用している工場生産設備において、定期的な点検や補修は行われていたものの、経年使用による劣化や損傷が各所に見られ、安全上の懸念が高まっている。そこで、改修工事を順次計画的に実施することとなった。限られた財源の中で優先順位を付け、効率的かつ効果的な工事を進めることが必要である。あなたが本工事の計画担当責任者として業務を進めるに当たり、下記の内容について記述せよ。
>
> なお、特定の設備や個別の機器や部品に限定せず、一般論として解答すること。　（令和５年度　材料強度・信頼性Ⅱ－２－２）
>
> （1）当該計画立案に向けて、設備の材料強度・信頼性技術の観点から、主として調査、検討すべき事項と内容を説明せよ。
>
> （2）業務を進める手順を列挙し、それぞれの項目ごとに留意すべき点、工夫を要する点を述べよ。
>
> （3）業務を効率的、効果的に進めるための関係者との調整方法について述べよ。

【前提となる条件】

①問題が出題された背景：生産設備の経年劣化や老朽化、安全性の懸念

②目的：改修工事を順次計画的に実施して、安全性・信頼性を確保

③対象とする分野：工場生産設備のライフサイクル管理

④条件：限られた財源の中で優先順位を付け、効率的かつ効果的に実施

⑤立場：工事計画の担当責任者

この問題は、「特定の設備や個別の機器や部品に限定せず、一般論として解答すること。」となっているため、受験者が関係する特定の設備や部品を挙げてから解答できないことに注意が必要です。近年、インフラ設備のみならず工場生産設備も老朽化が進んでいます。この問題は、設備の経年劣化や老朽化に

よる設備をどのようにすれば安全性・信頼性を確保して、工場生産設備をライフサイクル管理しながら継続しようとしていくのかを問う問題です。経年劣化や老朽化による事故を防止するための新技術としては、各種センサによる常態監視モニタリング技術が発達しています。また、従来技術としては、定期点検時に発見された材料劣化評価技術としての各種非破壊検査技術があります。材料強度・信頼性の観点からは、弾塑性解析や疲労解析から寿命・余寿命評価技術などがあります。また、メンテナンスの観点からRBI（リスクベースインスペクション）・RBM（リスクベースメンテナンス）の技術を応用した技術があります。このような技術をいかに総合的に考えて、改修工事を計画的に進めていくかを問うています。また、限られた財源の中で実施することから、経営者的な視点でも内容を吟味する必要があります。

(c) 例題3（機構ダイナミクス・制御の例）

○　地球環境保護や温暖化防止を目指して、エネルギー消費量の抑制・削減のため、「エネルギーの使用の合理化等に関する法律」（いわゆる省エネ法）が制定され、さらに、エネルギー消費効率の向上と普及促進を目的として、「トップランナー方式」が導入されている。あなたは「トップランナー方式」に則り、省エネモータを選定し、既存設備の三相モータを省エネモータにリプレースする業務の推進責任者として、以下の内容について記述せよ。（令和5年度　機構ダイナミクス・制御Ⅱ－2－2）

(1) リプレース対象となる三相モータを具備する具体的な既存設備を示し、その既存の三相モータの省エネモータへのリプレースを行うに当たって、購入する省エネモータの特性の観点で調査、検討すべき事項を3つ挙げ、その内容について説明せよ。

(2) 省エネモータへのリプレースの業務を進める手順を列挙して、その業務で留意すべき点、工夫を要する点を述べよ。

(3) この業務を効率的、効果的に進めるための関係者との調整方法について述べよ。

【前提となる条件】

①問題が出題された背景：地球温暖化、省エネ法の制定、省エネ対策として既存設備のリプレース

②目的：トップランナー方式による省エネモータを選定し、既設モータをリプレースする

③対象とする分野：既設設備に設置された三相モータ

④条件：具体的に既設の三相モータを具備する設備を示す

⑤立場：省エネモータを選定してリプレースする業務の推進責任者

この問題は、具体的な設備を示したうえで省エネモータの特性と設備が生産している製品の相性も反映して、省エネモータをどのように選定するかの考え方も含めた記述を求められています。また、トップランナー方式の考え方から他の省エネモータとの比較検討をすることも求められています。省エネモータは、機械的なLossを減らして消費エネルギー量を低減し、国際規格のIE3以上の効率を有しています。誘導電動機でもIE3以上の効率を有するものもありますが、より効率の高い同期電動機を選定することにより、大きな省エネを達成できるでしょう。既設のモータをリプレースする場合には、モータの大きさが変わる、定格回転数が高くなる、始動電流が大きくなることがある、定格トルクが上がる（歯車の機械強度に問題を生じる可能性がある）などの留意点があり、これらの留意点への対応が必要です。また、省エネモータへのリプレースに加えて、モータを速度制御することにより、効率向上が図れる場合もあり、特に運転変動のあるシステムでは、速度制御による省エネ効果は大きくなります。機構ダイナミクス・制御の選択科目の試験であることから、単に構造上の省エネモータとしてではなく、既存設備での使用目的を勘案して、モータの速度制御など機械設備としての効率を考慮した上で省エネモータを選定する視点から吟味する必要があります。

（d）例題4（熱・動力エネルギー機器の例）

○　ベースロード運用として計画された経年石炭火力発電設備において、再生可能エネルギー電源の増加に伴い、調整電源として頻繁な負荷変動や長時間の低負荷運転を含む運用に対応する必要が出てきた。これに対応すべく、あなたは発電設備の所有者の立場の責任者として任命され、現有技術のみならず将来技術も含めた設備・機器の改造や追設に関する計画案をまとめることとなった。

（令和5年度　熱・動力エネルギー機器Ⅱ－2－2）

(1) 目的に沿うために改造や追設する設備・機器を取り上げ、調査、検討すべき事項とその内容について説明せよ。

(2) 留意すべき点、工夫を要する点を含めて業務を進める手順について述べよ。

(3) 業務を効率的、効果的に進めるための関係者との調整方法について述べよ。

【前提となる条件】

①問題が出題された背景：地球温暖化、石炭火力発電設備の使用停止、再生可能エネルギーの増加

②目的：石炭火力発電設備を負荷に応じた調整電源として利用

③対象とする分野：石炭火力発電設備の活用方法

④条件：石炭火力発電設備の頻繁な負荷変動や長時間の低負荷運転を含む運用に対応

⑤立場：所有者として現有技術と将来技術を含め設備・機器の改造や追設計画案の責任者

この問題は、地球温暖化に伴う対策として石炭火力発電設備の新規建設の中止や既設設備の使用停止要請が社会的にある一方で、再生可能エネルギーの安定供給にも懸案があり、調整電源として利用するためにどのような改造が必要となるかの記述が求められています。既設の石炭火力発電設備を使用するとい

う条件が前提としてありますので、構成される機器やシステムをどのようにして、負荷変動や長時間の低負荷運転を含む運用に対応するように改造するかの仕組みが必要となります。また、頻繁な負荷変動となっていることから、起動・停止が繰り返して行われる、ということも検討する必要があります。そのため、AI技術を用いた運転制御支援システムについても検討する必要があります。

また、電力供給と料金については、安定的にかつ経済性が求められることから、経済性のある改造を実施する必要があり、採用される現有技術及び将来技術は、信頼性・安全性が求められます。そのような点で、技術者としてだけではなく、経営者的な視点でも内容を吟味する必要があります。

(e) 例題5（流体機器の例）

○　コンピュータの進歩に伴い、大規模かつ大量の数値解析実施が可能となり、その結果が設計根拠として扱われるようになってきた。今回、自部門の新製品開発に流体解析、連成解析を最大限取り入れる決定がなされ、あなたは解析の担当責任者として、それらの解析全体の実施とりまとめとデータの統合管理を進めることになった。下記の内容について説明せよ。　　（令和5年度　流体機器Ⅱ－2－1）

(1) 調査、検討すべき事項とその内容について説明せよ。

(2) 業務を進める手順を列挙して、それぞれの項目ごとに留意すべき点、工夫を要する点を述べよ。

(3) 業務を効率的、効果的に進めるための関係者との調整方法について述べよ。

【前提となる条件】

①問題が出題された背景：コンピュータによる数値解析技術の進歩（大規模かつ大量の数値解析の実施が可能）

②目的：流体解析、連成解析による新製品の流体機械の開発

③対象とする分野：流体解析及び連成解析コンピュータシミュレーション

④条件：自部門の流体機械の新製品開発

⑤立場：解析実施とデータ管理の担当責任者

この問題は、計算科学におけるシミュレーション精度の向上やコンピュータ性能の著しい発達に伴い、流体解析（以下CFD）及び連成解析のコンピュータシミュレーションを用いて、自社製品の設計と解析をいかに効率的・効果的に行うかの記述が求められています。CFDを用いれば、プログラム上で何度もシミュレーションを行うことができますが、信頼性の高い正確なデータを得るためには、適切な解析モデルの選定およびメッシュ分割が必要になります。メッシュ数を増やせば解析精度は向上しますが、計算に要する時間が膨大となり、開発スピードの低下につながりかねません。したがって、製品開発に必要な解析精度を確保し、かつ効率的な解析を遂行するための段取り（関係者間の調整を含む）が重要になります。解析の適用により、試作品の製作および実験に要する時間とコストの大幅削減が図れますが、解析精度を保持するための必要最小限の試作品の製作と実験実施も考慮する必要があります。また、連成解析により、流体による摩耗損傷がどの程度発生するのか（摩耗データとの連成）、CFDの結果を入力とした構造解析による構造強度設計が実施でき、効率的な総合機械設計が実現できます。これらの解析データの統合管理をすることで、さらなる設計の効率向上を図れるのみでなく、運転開始後のメンテナンス時の情報も考慮した製品の品質向上にも反映でき、この点も吟味しておく必要があります。

(f) 例題6（加工・生産システム・産業機械の例）

○ 設備機器の新規導入、レイアウトの変更、作業方法の改善などを検討する際にシミュレーションソフトを使用して、機械稼働率、リードタイム、平均在庫量などのシステム性能を事前評価することができるようになった。あなたが、そのようなソフトウェアを使用して新規の製造ラインを検討する業務を担当する場合、下記の内容について記述せよ。

（令和5年度　加工・生産システム・産業機械Ⅱ－2－2）

(1) 主として調査、検討すべき事項とその内容について説明せよ。
(2) 留意すべき点、工夫を要する点を含めて業務を進める手順について述べよ。
(3) 効率的、効果的な業務遂行のために調査が必要となる関係者を列記し、それぞれの関係者との連携・調整について述べよ。

【前提となる条件】

①問題が出題された背景：生産設備の自動化・省力化、レイアウト変更、無人工場、シミュレーションソフトの進歩
②目的：シミュレーションソフトによる最新製造ラインの検討
③対象とする分野：工場生産設備のコンピュータ生産シミュレーションソフト
④条件：機械稼働率、リードタイム、平均在庫量などのシステム性能の評価
⑤立場：本検討業務の担当者

この問題は、コンピュータ技術の進歩に伴い、製造ラインにおけるシミュレーションソフトが開発されていることから、そのソフトを用いて新規の製造ラインを機械稼働率、リードタイム、平均在庫量などの生産システム性能を総合的に最適化することの記述が求められています。生産シミュレーションソフトを用いれば、プログラム上で何度もシミュレーションを行うことができ、設備機器の配置を変更したケーススタディが可能となります。また、より現場に近い3D画像表示も用意されているソフトもあるため、3Dでシミュレーションをすることで人と物の流れを視覚的に確認して検討することも可能となります。生産シミュレーションソフトウェアを使用することで、物・人の流れをシミュレーションして生産ラインの機械稼働率、リードタイム、平均在庫量などを見える化・最適化することが必要です。

一方で、留意点としては、目的とする製造ラインに見合ったソフトウェアを採用する必要があります。さらに (3) の設問に「調査が必要となる関係者」と記載があるように、シミュレーションを実施するにあたり、入力条件や出力さ

れた値の妥当性は常に生産設備に携わる関係者と具体性、現実性のあるものかどうかを確認をすることが必須となります。

このように、問題を読んで、問題文が求めているものは何かという判断をする際に、問題文の字面だけで判断してはいけないのがわかったと思います。あくまでも、試験の実施大綱に従って作問委員は試験問題を作成するよう指示されていますので、その指示のもとで問題が作られていますし、採点基準もその条件のもとで作成され、採点する試験委員に渡されています。その基準に満たない解答ではそのぶん獲得できる点数が少なくなるため、どういった解答の記述を求めているのかを、選択した問題がどういった趣旨で出題されているのかなどを考えて判断しなければなりません。

解答する問題を選択する際には、当然、すべての問題を読んで、書かなければならない内容を想定しますが、その際に選択した問題が求めている内容は何なのかの判断をしなくてはなりません。技術士はコンサルタント能力を求められる専門職業人ですので、社会的または技術的な変化に伴って、今後どういった方向に世の中が進むのかを知りたいと顧客（試験委員）が求めていると考えてみてください。そのような顧客（試験委員）を満足させる内容の解答であれば、試験では高い点数をもらえる結果になります。ですから、解答内容が評価されるためには、なぜこの問題が出題されたのかを、よく理解する必要があります。

(3) 項目立ての重要性

問題を分析すると、問題が求めているものがある程度見えてくると思います。次の重要な作業として項目立ての作業があります。点数がとれる答案を作成するためには、採点基準に示されているキーワードをできるだけ答案に示す必要があります。そのキーワードを拾い出すために、分析結果を拡大的に解釈してキーワードを創造していきます。しかし、キーワードが羅列された状態のままで書き出したのでは、論文はまとまりのないものになってしまいます。そのような危険性を避けるために、今度はキーワードを分類して項目立てを行います。その際に注意しなければならないのは、同じキーワードを複数の項目で使ってもよいという点です。重要なキーワードは何回も使うのが通常ですので、その点は誤解しないようにしてください。また、何回も使うという点で、そのキーワードは主要キーワードとなり、問題文の中核とずれていなければ、作成する論文の趣旨は設問が求めている解答と合っているはずです。

項目立ての理想は、3つの大項目をまず見出すことです。もちろん、問題文ですでに項目分けして設問が作られている場合には、その項目が大項目となります。ただし、指定された項目の前に、社会的な環境の説明が必要な場合には追加してもかまいませんし、1つの指定項目を2つに分けて記述した方が記述しやすい場合には、分けてもかまいません。大事なことは、できる限り3つの大項目を最初に作る点です。理由は、項目が多いほど1つの項目の文章を短くすることができ、書きやすくなるからです。もちろん、大項目の次にくる中・小項目がすでにイメージできていて、それぞれの大項目でいくつかの中・小項目がある場合はそれで問題ありません。選択科目（Ⅱ－2）の場合には、全体で例えば6項目程度の項目立てができるのであれば、1項目当たり8行程度の記述になり、書きやすい記述量になります。そのような意識を持って、中・小項目レベルでできる限り多くの項目立てができれば、頭の中は整理されて内容説明で失敗する可能性は少なくなります。

試験委員も項目立てを見ると、この受験者が説明しようとしている点は大体想像できますので、解答を読む前の事前の評価が高くなります。項目立ての手順については次節にいくつかの例を示して説明します。

4. 項目立ておよびキーワード創出練習

ここで、いくつかの問題について項目立ての例題を示したいと思います。専門知識問題（選択科目（Ⅱ－1））と応用能力問題（選択科目（Ⅱ－2））で、機械部門すべての「選択科目」で出題された問題を示しますので、項目立てとその内容をどのようにするのか勉強してください。ポイントアドバイスも参考にして、自分なりにどうするのかも考えてみてください。また、自分が受験する選択科目以外ではどういった点が参考になるかを考えて勉強してみてください。

ここで示した例題の内容を確認したら、自分が受験する「選択科目」に相当する過去問題で項目立ておよびキーワード創出の練習をやってみてください。過去問題は日本技術士会のホームページからダウンロードできますので、過去5年間分くらいを目途に確認してから、まずはできそうな問題からはじめてみてください。いくつかの問題を練習すれば、答案作成のパターンが理解できると考えます。

(1) 専門知識問題（選択科目（Ⅱ－1））の例題

1枚解答式の過去問題を取り上げて例題を示しますので、項目立ての参考にしてください。

タイトルは、答案の内容がわかる程度に簡素に書きます。専門科目試験の問題ですので、設問で求められている技術項目を挙げて「○▽の内容」、「○▽の特徴」、「○▽の具体例」や「○▽の留意点」など簡単なタイトルとなります。設問によっては、設問で問われる内容がそのまま項目になることもあります。なお、選択した問題は問題番号を記載するので試験委員は理解できるため、項目が長くなるような設問ではそのまま繰り返してすべての内容を書く必要はありません。

(a) 例題1（機械設計の例）

○　機械構造物の動作制御や経年変化を継続的に測定するため、変位計が使用される。以下の変位計から2つを選択し、①測定の原理、②用途、③使用上の注意点を述べよ。

差動トランス変位計、ひずみゲージ変位計、渦電流変位計、
静電容量変位計、光ファイバ変位計、レーザ変位計、超音波変位計

（令和5年度　機械設計Ⅱ－1－3）

項目立ての例

1. ひずみゲージ変位計
 (1) 測定の原理
 (2) 用途
 (3) 使用上の注意点
2. レーザ変位計
 (1) 測定の原理
 (2) 用途
 (3) 使用上の注意点

【ポイントアドバイス】

設問の内容がそのまま項目として取り上げられる場合の例です。2つの変位計を選択することになりますが、選択肢が7つあるため、受験者が業務で関係するものあるいは知識があるものから2つを選択できますので、解答できると考えます。項目として6つ挙げたので、選択した2つの変位計の項目を除くと各項目で3行72文字以内となり、少しのキーワードを使えば解答できると考えます。なお、用途については、一般的な方法に加えて、具体的な使用方法や適用箇所なども挙げて説明すれば評価点が高くなると考えます。

(b) 例題2 (材料強度・信頼性の例)

○ 鋼を加熱・冷却することにより機械的特性を調整する熱処理手法を2つ挙げ、それぞれの熱処理の方法及び効果について説明するとともに、材料強度・信頼性の観点から留意点を述べよ。

(令和5年度 材料強度・信頼性Ⅱ－1－1)

項目立ての例

1. 焼ならし
 (1) 方法及び効果
 (2) 留意点
2. 応力除去熱処理
 (1) 方法及び効果
 (2) 留意点

【ポイントアドバイス】

この問題例も例題1と同様に設問の内容がそのまま項目になります。冒頭に「以下の2つの熱処理方法を挙げて解答する。」と記載してもよいでしょう。熱処理方法には、焼なまし、焼ならし、焼入れ、焼戻し、応力除去熱処理が一般的です。これらのうちから2つを選択します (ここでは例として、焼ならしと応力除去熱処理) が、焼入れは通常焼戻しと対で実施されますので、焼入れを選択する場合にはそれも言及する必要があります。なお、方法は、昇温速度、加熱温度、保持時間、冷却速度などを具体的な数値として記載する必要があります。この場合、適用する材料の種類によって数値が異なるようであれば、「例えば炭素鋼の場合には、」と前置きしてから具体的な数値を記述する必要があります。また、効果についても具体的に機械的性質の何が (例えば、硬度が)、どのようになるのか (例えば、ブリネル硬さでHB 230程度から220以下に低下) を記載する必要があります。

(c) 例題3（機構ダイナミクス・制御の例）

○　インボリュート歯車の特徴及び利点を示し、この利点が得られる理由を、かみ合い回転するときの接触点の移動に関連して説明せよ。また、この歯車において、軸間距離を変えずに、歯車形状により歯の曲げ強度を高めるための歯形設計における方法を1つ説明せよ。

（令和5年度　機構ダイナミクス・制御Ⅱ－1－3）

項目立ての例

1. インボリュート歯車の特徴及び利点
2. インボリュート歯車の利点が得られる理由
3. 歯の曲げ強度を高める歯形設計方法

【ポイントアドバイス】

この問題の項目立ての例は上記のとおりとしましたが、受験者が書きやすい項目立てを選択すればよいです。

インボリュート歯車の特徴は、歯車において歯の軸と直交する断面の形状をインボリュート曲線としたものです。インボリュート曲線とは、円筒に糸を巻きつけて、ゆるみなく引きほどいていったときに、糸の先端が描く曲線です。利点は、歯車の中心距離の誤差が回転精度や噛み合いに影響しないこと、回転を確実に伝達でき歯飛びしないこと、回転速度を自由に増減可能なこと、円滑なトルク伝達と正確な歯車の位置決めを実現できることです。また、この形状は円弧の特性を利用して歯車の動きをスムーズにし、歯車の歯同士が接触する範囲を広げることで歯車の耐久性を向上させています。その理由は、歯車の歯同士がインボリュート曲線に沿って噛み合うことで、負荷が均等に分散されることです。なお、回転するときのスケッチ図を記載して、歯車同士の接点が常に接していることを説明する方法もあります。歯の曲げ強度を高める方法ですが、歯車の歯の曲げ強さは、歯先に集中荷重を受ける片持ばりとして計算していますので、歯幅を大きくする、または歯先に作用する許容円周力を大きくすればよいことになります。許容円周力は、モジュール数に比例するため曲げ強さを向上させるためには、モジュール数を大きくすればよい、すなわち、歯車を大きくすればよいことになります。

(d) 例題4（熱・動力エネルギー機器の例）

> ○ 水素製造装置からの水素（7気圧、常温）を車載用の水素ボンベに700気圧で急速充填するために必要な機器を設定し、その機能を、必要とする理由とともに説明せよ。なお、構成機器には配管部材を含まないものとする。 （令和5年度 熱・動力エネルギー機器Ⅱ－1－2）

項目立ての例

> 1. 圧縮機
>   機能と必要とする理由：
> 2. 蓄圧器
>   機能と必要とする理由：
> 3. ディスペンサー
>   機能と必要とする理由：

【ポイントアドバイス】

設問文から「水素ステーション」を想定して解答すればよいと考えます。一般的な水素ステーションは、車載用に充填するまでの機器として、圧縮機、蓄圧器、とディスペンサーで構成されています。項目立ては、これらの機器をそのまま記載すればよいということになります。この問題は、例題1のように設問文に項目立てとなる記述がないので、ある程度の専門的な知識が必要となります。

圧縮機は、水素を車載タンクに充填するため700気圧程度まで昇圧する目的の機器です。蓄圧器は、圧縮機で昇圧した水素を一時的に貯蔵しておくためのタンクです。ディスペンサーは、水素をFCVに充填し、その量を計量する機器です。安全に水素が充填できるように、流量や温度を監視・制御する機能もあります。また、高圧の水素を急速に充填すると温度が上昇するため、あらかじめディスペンサー内で－40℃まで冷やしてから充填しています。なお、水素の冷却を行うために、ディスペンサーの上流にプレクーラーを設置する場合もありますが、1枚問題で記述する量が限られているため、項目としては3つ程度挙げれば十分と考えます。

（e）例題5（流体機器の例）

○　配管内の流量を測定する方法の1つとしてオリフィス流量計がある。その測定原理について説明せよ。なお、配管は円形断面とし、水平に置かれているとする。　（令和5年度　流体機器Ⅱ－1－4）

項目立ての例

1. 流体工学の基礎式
2. 配管の形状と状態
3. オリフィス流量計の測定原理

【ポイントアドバイス】

この問題は、設問で問われているのがたったの一つですから、項目立ても1項のみで「オリフィス流量計の測定原理」としてもよいのですが、ここでは書きやすくするために上記のような例としました。

オリフィス流量計は差圧式流量計ともいい、原理としては、ベルヌーイの定理から流体の流れている流路にオリフィス（絞り弁）を設置し、圧力損失を故意に発生させ、オリフィス（絞り弁）の前後の圧力差（差圧）を検出して流量を検出します。オリフィスとは、管路の途中に設けられた「流体が通過する絞り」のことです。そのような孔が空いた薄い板をオリフィスプレートと言います。流体工学の基本的な式である、ベルヌーイの定理と連続の式から、流量測定の式が導かれます。ベルヌーイの定理とは「流体のエネルギー保存の法則」を示す定理で、以下の式で表されます。

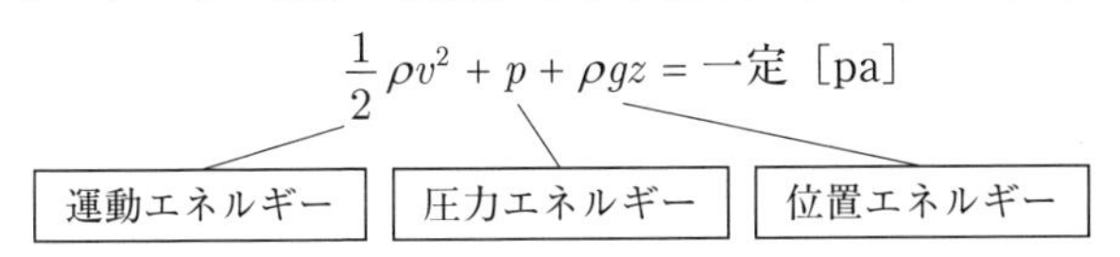

ここで、vは流速、pは圧力、ρは流体の密度、gは重力加速度、zは高さです。また、連続の式とは、「外部とのやりとりがない限り、流体の質量流量はどの断面でも常に一定である」という定理です。式は、「流量$Q = Av =$一定」となります。この2つの式から、設問に記載されている「配管は円形断面とし、水平に置かれている」という条件を当てはめると、流量Qは以下の式で計算できます。

$$Q = C\frac{A_2}{\sqrt{1-\left(\frac{A_2}{A_1}\right)^2}} \times \sqrt{\frac{2(p_1 - p_2)}{\rho}}$$

ここで、Cは流量係数、A_1は絞る前の（配管の）断面積、A_2は絞った後の（オリフィス穴）の断面積、p_1、p_2は絞る前と絞り部直後の圧力、ρは流体密度です。

なお、オリフィス流量計の精度を保持するためには、上下流の流れが均一である必要があり、そのため上流側に10 D（Dは配管径）、下流側に5 Dの直管長が必要になります。また、流れを絞るため圧力損失を生じます。これらの条件が許容できない場合は、配管形状の変更、整流装置の設置、他の方式の流量計への変更などが必要になります。また、往復ポンプ・圧縮機まわりなどの脈動（周期的な流量・圧力変動）のある配管に設置する場合は、計測誤差を生じるので注意が必要です。この計測誤差への対応としては、測定値を流量の目安として取り扱う、他の方式の流量計への変更などが考えられます。

(f) 例題6（加工・生産システム・産業機械の例）

> ○　工業製品の生産に用いる鍛造の定義を述べ、代表的な2つの鍛造方法とそれぞれの特徴について述べよ。
>
> （令和5年度　加工・生産システム・産業機械Ⅱ－1－2）

項目立ての例

> 1. 鍛造の定義
> 2. 代表的な鍛造とその特徴
> (1) 自由鍛造
> (a) 方法
> (b) 特徴
> (2) 型鍛造
> (a) 方法
> (b) 特徴

【ポイントアドバイス】

この問題では、最初に鍛造の定義を述べてから、代表的な2つの鍛造方法についての特徴を述べる必要がありますが、項目立ての例題としてここに示したような小項目に分けて記載してもよいでしょう。そうすることによって、各項目で記述する文字が少なくなり、少しのキーワードを使えば解答できるようになります。

鍛造の定義は、外部からハンマなどにより力を加えていろいろな形に変形して機械的性質を向上させることができる金属加工方法です。一般的には、高温に加熱して変形させます。

鍛造の種類には、自由鍛造と型鍛造の2つがあります。また、加熱温度による分類としては、熱間鍛造、温間鍛造と冷間鍛造があります。ここでは、例題に示したように自由鍛造と型鍛造の2つの方法を記載するのがよいと考えます。熱間鍛造、温間鍛造と冷間鍛造も説明する必要がありますので、それらは自由鍛造と型鍛造のどちらにも用いられるため、方法の項目で説明するようにしてください。自由鍛造は、手ハンマや機械ハンマで力を加えて成型する方法です。型鍛造は、上下一対になる型の間に材料を入れて圧縮成形する方法です。

(2) 応用能力問題(選択科目(Ⅱ－2))の例題

応用能力問題は、業務プロセスを示す問題になっています。この問題も項目立てを練習しておく必要がありますが、大項目は、設問に示された項目になりますので、素直に項目立てをしてください。考えなければならないのは、中・小項目以下の項目立てになります。ただし、項目立ての前に、前提となる内容を問題文から抽出する作業が必要となります。そのため、下記の項目について、整理してから項目立てを行ってください。

【前提となる条件】

①問題が出題された背景：

②目的：

③対象とする施設・設備など：

④条件：

⑤立場：

これらの例題については、この章の第3節で説明しましたので、以下に項目立ての例題を示します。自分の受験する選択科目以外の選択科目の例題も参照にして、5年間ぶんくらいの過去問題で練習してください。

(a) 例題1(機械設計の例)

○　あなたは新製品開発のリーダーとして開発全般を取りまとめながら開発を進め、新製品の試作品が完成した。試作品の試験(運転試験、耐久試験、型式試験など)を実施したところ製品を構成する機械要素(歯車、軸、軸受、軸継手、ばね、ダンパ、ねじ・リベット等の締結要素、シール、カム・プーリ・ワイヤロープ・チェーン等の動力伝達要素、他)の1つで不具合が発生した。あなたは発生した不具合を調査して原因を究明し、製品を完成させるための対策の指揮を取ることとなった。下記の内容について記述せよ。　　　　　（令和5年度　機械設計Ⅱ－2－2）

(1) 試作した新製品の概要を述べ、不具合が生じた機械要素とその不具合を説明せよ。そして、不具合要因の因果関係を整理して分析する手法などを用いて、要因を究明するために調査、検討すべき事項を挙げよ。

(2) 調査、検討すべき事項の中から要因と判断した項目の調査結果と判断した理由を述べ、その対策を立案するに当たり留意すべき点、工夫すべき点を述べよ。

(3) 不具合に対する対策内容を説明せよ。また、対策を決定する際の関係者との調整方法について述べよ。

項目立ての例

1. 新製品概要、生じた不具合及び調査・検討事項
(1) 新製品の概要及び生じた不具合とその内容
(2) 不具合要因の調査・検討事項
2. 不具合要因と理由、対策の留意点と工夫すべき点
(1) 不具合要因の項目とその理由
(2) 不具合対策の留意点と工夫すべき点
3. 不具合の対策内容及び関係者との調整方法
(1) 不具合の対策内容
(2) 関係者との調整方法

【ポイントアドバイス】

この問題では、第1項で新製品の概要と不具合が発生した機械要素と不具合の内容を記載することが求められています。そこで、過去の業務から設問に記載されたような機械要素の不具合が発生した経験があれば、それを挙げるのがよいと考えます。不具合が発生した経験がない受験者は、自分が担当している機械装置で「一番不具合が発生しそうなもの」を思い浮

かべて解答するのがよいでしょう。設問に「不具合要因の因果関係を整理して分析する手法などを用いて」とあることから、選定した不具合を頂点として、発生した事故の原因を分析する手法であるFTA手法を用いるのが一般的であると考えます。この手法で調査、検討すべき事項を掘り下げていき、ある程度の項目を記述すればよいでしょう。例えば、不具合として「ねじが破損した」とした場合、その原因を大きく2つ挙げて、「強度不足」と「材料の選定ミス」とすれは、そこからさらにいくつかの項目が掘り下げられます。使用環境なども検討する必要があります。

第2項では、破損状況の調査結果から判断することになるので、何をどのように調査して、どのような結果が得られた、だからこれが不具合の原因である、と記述することが求められています。第3項で対策を記述する前に、対策に際しての留意する点と工夫すべき点を記述しますが、どのようにしてやるのかを具体的に記述します。

第3項では、対策を具体的に不具合があった機械要素をどのようにするのかを記述します。対策を行うために関係者に協力依頼をすることになりますが、その関係者が誰でどのような調整をするのかを記述します。

(b) 例題2（材料強度・信頼性の例）

○ 長年使用している工場生産設備において、定期的な点検や補修は行われていたものの、経年使用による劣化や損傷が各所に見られ、安全上の懸念が高まっている。そこで、改修工事を順次計画的に実施することとなった。限られた財源の中で優先順位を付け、効率的かつ効果的な工事を進めることが必要である。あなたが本工事の計画担当責任者として業務を進めるに当たり、下記の内容について記述せよ。

なお、特定の設備や個別の機器や部品に限定せず、一般論として解答すること。　　　　　　（令和5年度　材料強度・信頼性Ⅱ－2－2）

(1) 当該計画立案に向けて、設備の材料強度・信頼性技術の観点から、主として調査、検討すべき事項と内容を説明せよ。

(2) 業務を進める手順を列挙し、それぞれの項目ごとに留意すべき点、工夫を要する点を述べよ。
(3) 業務を効率的、効果的に進めるための関係者との調整方法について述べよ。

項目立ての例

1. 改修工事立案に向けての調査・検討事項と内容
(1) 経年劣化と損傷個所の特定：
(2) 劣化と損傷が安全性・信頼性に及ぼす影響を検討
(3) 効果的かつ経済的な補修・改修方法の調査・検討
2. 業務を進める手順と留意点・工夫を要する点
(1) 補修・改修の優先順位の決定
(2) 補修・改修工事の工事費の見積取得
(3) 優先順位と各年度の補修・改修項目を立案
3. 関係者との調整方法
(1) 設備保全管理部門との調整
(2) 補修・改修工事部門との調整

【ポイントアドバイス】

この問題は、「特定の設備や個別の機器や部品に限定せず、一般論として解答すること」となっているため、受験者が関係する特定の設備に特化しないように、どのような工場設備の改修工事にも当てはまる内容で記述する必要があります。

各項のタイトルは設問から理解できると考えますが、各項の小項目をどのように項目立てをするかで、記述する内容が決まります。例題1では設問から各項の小項目のタイトルが理解できますが、例題2ではそれができません。このような設問の場合には、実際に行うべき調査・検討する内容をタイトルとして記載する必要があります。そこで、ここでは記述したような項目立てをしました。第1項では、まずは経年劣化と損傷個所を特定すること、次にこの情報から影響評価して、どのように補修・改修するのかを調査・検討する、という流れとしています。第2項では、設問に「改修工事を順次計画的に実施する」と「限られた財源の中で優先順位を付け」とあることから、年度予算に合わせて優先順位の高いものから改修工事を実施する、ということを踏まえて項目立てをしています。各項目には、留意点・工夫を要する点を記述する必要がありますが、FMEA手法による影響度評価、寿命・余寿命評価技術、RBIやRBMの技術などに言及すればよいでしょう。

(c) 例題3（機構ダイナミクス・制御の例）

○ 地球環境保護や温暖化防止を目指して、エネルギー消費量の抑制・削減のため、「エネルギーの使用の合理化等に関する法律」（いわゆる省エネ法）が制定され、さらに、エネルギー消費効率の向上と普及促進を目的として、「トップランナー方式」が導入されている。あなたは「トップランナー方式」に則り、省エネモータを選定し、既存設備の三相モータを省エネモータにリプレースする業務の推進責任者として、以下の内容について記述せよ。（令和5年度　機構ダイナミクス・制御Ⅱ－2－2）

(1) リプレース対象となる三相モータを具備する具体的な既存設備を示し、その既存の三相モータの省エネモータへのリプレースを行うに当たって、購入する省エネモータの特性の観点で調査、検討すべき事項を3つ挙げ、その内容について説明せよ。

(2) 省エネモータへのリプレースの業務を進める手順を列挙して、その業務で留意すべき点、工夫を要する点を述べよ。

(3) この業務を効率的、効果的に進めるための関係者との調整方法について述べよ。

項目立ての例

1. 既存設備及び購入する省エネモータの調査事項

(1) 具体的な既存設備

(2) 調査すべき事項その1：(トップランナー方式の省エネモータの調査)
(3) 調査すべき事項その2：(既存設備に適用可能か否かの調査)
(4) 調査すべき事項その3：(組込んだ場合の既存設備の性能評価)
2. 業務を進める手順と留意点・工夫を要する点
(1) 省エネモータの選定
(2) 選定した省エネモータの見積と発注業務
(3) リプレース工事を立案と実施
(4) 試運転により省エネ効果の検証を実施
3. 関係者との調整方法
(1) 既存設備の三相モータ運転部門との調整
(2) 省エネモータの発注先との調整

【ポイントアドバイス】

この問題は、具体的な設備を示したうえで記述するように求められていますので、受験者が過去の業務での経験があれば、それを挙げるのがよいと考えます。経験がない場合は、自分の業務でモータを採用している設備を思い浮かべて解答してください。

各項のタイトルは設問から理解できると考えますが、各項の小項目をどのように項目立てをするかですが、第1項では、「調査すべき事項を3つ挙げ」と記載されているため、小項目は例題のように「調査すべき事項その1」「……その2」「……その3」としてもよいと考えます。あるいは、カッコ内に記述したように調査すべき事項を具体的に記述する方法もあります。なお、「(調査した省エネモータが) 既存設備に適用可能か否かの調査」では、モータ単体でリプレースする場合は、モータ周辺機器との干渉、回転数・始動電流・トルクの増加などの問題が生じることがありますので事前の調査が必要となります。また、「(調査した省エネモータを) 組込んだ場合の既存設備の性能評価」では、省エネモータ単体のみに加えて、モータの速度制御も含めて効率向上のための運転制御も含めての調査が必要となります。

第2項 (1) の「省エネモータの選定」では、省エネモータはサイズが大きくなる場合があるため、既存設備に組込めるかが留意点となります。工夫すべき点は選定した省エネモータを設置するベースを改造して対応することになります。

(d) 例題4（熱・動力エネルギー機器の例）

○ ベースロード運用として計画された経年石炭火力発電設備において、再生可能エネルギー電源の増加に伴い、調整電源として頻繁な負荷変動や長時間の低負荷運転を含む運用に対応する必要が出てきた。これに対応すべく、あなたは発電設備の所有者の立場の責任者として任命され、現有技術のみならず将来技術も含めた設備・機器の改造や追設に関する計画案をまとめることとなった。

(令和5年度　熱・動力エネルギー機器Ⅱ－2－2)

(1) 目的に沿うために改造や追設する設備・機器を取り上げ、調査、検討すべき事項とその内容について説明せよ。

(2) 留意すべき点、工夫を要する点を含めて業務を進める手順について述べよ。

(3) 業務を効率的、効果的に進めるための関係者との調整方法について述べよ。

項目立ての例

1. 改造や追設する設備・機器と調査・検討事項
   (1) 燃料供給用の石炭粉砕機
   (2) ボイラー燃焼用バーナー
   (3) 蒸気タービン
   (4) 集中運転制御室（コントロールルーム）
2. 業務を進める手順と留意点・工夫を要する点
   (1) 負荷変動や低負荷運転時の運用計画の立案
   (2) 運用を実現する設備・機器の選定

(3) 採用可否の評価実施
(4) 改造工事の概算金額の算出と発電単価の検討
3. 関係者との調整方法
(1) 既設設備の運転部門との調整
(2) 既存設備の建設会社との調整
(3) 改造や追設する設備・機器メーカーとの調整

【ポイントアドバイス】

この問題は、発電設備の所有者の立場の責任者で解答する必要がありますので、電力供給の安定性と電力料金の経済性を考慮した記述が求められます。また、改造や追設工事は重電メーカーや機器製作メーカーが実施することになることも念頭にして、解答する必要があります。

第1項の小項目は、設問で「改造や追設する設備・機器を取り上げ」と求められていることから、既設の設備・機器を具体的に記述する必要があります。例題では設備と機器を4つ挙げていますが、文字数の関係から3つ以上挙げればよいでしょう。低負荷運転では、石炭燃料の供給が少なくなりますので、最初に粉砕機を挙げました。既存の粉砕機にインバータ制御を適用して回転数を可変にすることで、粉砕機ごとに運転負荷の上下限を拡大することができないか、ボイラーの低負荷時の運転安定性が問題ないか、などが調査・検討項目になります。ボイラー燃焼用のバーナーは、プラントの低負荷運転時で安定した燃焼性能を保つためのコア技術となるため、着火性と火炎安定性に優れたバーナーを調査・検討する必要があります。蒸気タービンでは、低負荷運転に対応した羽根車部分のみの交換でよいのか、あるいはケーシングも含めた改造が必要となるのか調査・検討することが求められます。集中運転制御室には、頻繁な負荷変動や起動・停止の繰り返しに対応するために、AI技術を用いた運転制御支援システムについても検討する必要があります。第2項の小項目は、第1項の調査・検討結果から、改造や追設工事計画を作成するまでの一般的な手順を項目立てしました。なお、将来技術は、安定性、安全性および経済性を考慮して採用可否の評価を実施する必要があります。これ以外にも受験者が業務で経験したことを記述すればよいと考えます。第3項は、発電設備の所有者の立場から、社内と外部の関係者を挙げました。

(e) 例題5（流体機器の例）

> ○ コンピュータの進歩に伴い、大規模かつ大量の数値解析実施が可能となり、その結果が設計根拠として扱われるようになってきた。今回、自部門の新製品開発に流体解析、連成解析を最大限取り入れる決定がなされ、あなたは解析の担当責任者として、それらの解析全体の実施とりまとめとデータの統合管理を進めることになった。下記の内容について説明せよ。　　　　　　　　　　（令和5年度　流体機器Ⅱ－2－1）
>
> (1) 調査、検討すべき事項とその内容について説明せよ。
>
> (2) 業務を進める手順を列挙して、それぞれの項目ごとに留意すべき点、工夫を要する点を述べよ。
>
> (3) 業務を効率的、効果的に進めるための関係者との調整方法について述べよ。

項目立ての例

> 1. 調査・検討事項とその内容
>
> (1) 対象とする自部門の新製品の仕様・要求性能
>
> (2) 採用すべき流体解析のソフト
>
> (3) 解析精度検証のための実験の必要性
>
> (4) 流体解析ソフトと連成解析ソフトの統合管理
>
> 2. 業務を進める手順と留意点・工夫を要する点
>
> (1) 基本となる設計条件の決定
>
> (2) 解析モデルの作成
>
> (3) 流体解析により製品の構造・寸法の決定
>
> (4) (3) の結果から連成解析の実施と製品仕様の決定
>
> (5) 解析結果の検証

(6) データの統合管理とメンテナンス情報の提供
3. 関係者との調整方法
(1) 設計部門との調整
(2) 製作部門との調整
(3) メンテナンス部門との調整

【ポイントアドバイス】

この問題は、例題2のように各項のタイトルは設問から理解できますが、各項の小項目については、実際に行うべき調査・検討する内容をタイトルとして記載する必要があります。そこで、ここでは例題に記述したような項目立てをしました。第1項では、まずは対象とする自部門の新製品がどのようなものであるか、仕様や要求性能を調査・検討する必要があります。次にやることは、どのような流体解析のソフトを採用するか、調査・検討することです。さらに、解析精度・解析効率の目標値を定め、検証のための実験の必要性について検討する必要があるでしょう。また、設問に「連成解析を最大限取り入れる」と求められていることから、流体解析から得られた結果、例えば温度分布から熱応力などの発生応力をFEM解析するとか、流速から摩耗損傷解析をする、というような連成解析ソフトの調査・検討が必要です。また、流体解析ソフトと連成解析ソフトのデータが統合管理できるかの検討も必要です。第2項の小項目は、実際に流体解析ソフトを使用して新製品の開発までの一般的な手順を項目立てしました。業務手順としては、流体解析・連成解析を実施する自製品が扱う流体など基本となる設計条件を決定する。解析精度や解析効率の目標値を満足する解析モデルを作成する。必要であれば、実験を実施して解析結果を検証する。流体解析により製品の構造と寸法を決定し、その結果から連成解析を実施して製品仕様を決定する。

これ以外にも受験者が業務で経験したことを記述すればよいと考えます。なお、留意点として、複雑な流体運動を計算する際、単純化・簡略化した物理モデルを使用する場合には解析結果に誤差が生じますので、解析モデルを作成するときには目的に見合った精度になるように実施することです。

第3項は、新製品を開発して設計、製作及び運転開始後のメンテナンスに関係する部門を挙げました。

(f) 例題6（加工・生産システム・産業機械の例）

○ 設備機器の新規導入、レイアウトの変更、作業方法の改善などを検討する際にシミュレーションソフトを使用して、機械稼働率、リードタイム、平均在庫量などのシステム性能を事前評価することができるようになった。あなたが、そのようなソフトウェアを使用して新規の製造ラインを検討する業務を担当する場合、下記の内容について記述せよ。

（令和5年度　加工・生産システム・産業機械Ⅱ－2－2）

(1) 主として調査、検討すべき事項とその内容について説明せよ。

(2) 留意すべき点、工夫を要する点を含めて業務を進める手順について述べよ。

(3) 効率的、効果的な業務遂行のために調査が必要となる関係者を列記し、それぞれの関係者との連携・調整について述べよ。

項目立ての例

1. 調査・検討事項とその内容
 (1) 製造ラインの目的、内容と生産能力の仕様
 (2) 目標とする具体的な数値の決定
 (3) 採用すべきシミュレーションソフト
2. 業務を進める手順と留意点・工夫を要する点
 (1) 製造ラインの基本的な設計条件の決定
 (2) 生産ラインに必要な機器・設備の決定
 (3) シミュレーションソフトの入力諸条件の決定
 (4) シミュレーションソフトによる解析
 (5) 人・物の流れなど解析結果の検証
 (6) (4) と (5) の繰り返しにより最適解の決定

3. 関係者との調整方法

(1) 製造ラインの現場部門との調整

(2) メンテナンス部門との調整

(3) 生産機械メーカーとの確認（機械の仕様、能力、点検頻度など）

【ポイントアドバイス】

この問題は、コンピュータシミュレーション技術を使用することから、例題5と類似する問題です。各項目内の小項目については、実際に行うべき調査・検討する内容をタイトルとして記載する必要があります。そこで、ここでは例題に記述したような項目立てをしました。第1項では、まずは対象とする製造ラインの目的・生産能力などの仕様を調査・検討する必要があります。また、製造ラインが目標とする機械稼働率、リードタイム、平均在庫量など具体的な数値も調査・検討する必要があります。そのうえで、これらをコンピュータシミュレーションによって解析できるソフトはどのようなものがあるのか、調査・検討します。第2項の小項目は、実際にコンピュータシミュレーションソフトを使用して新規の製造ラインを検討するときの一般的な手順を項目立てしました。これ以外にも受験者が業務で経験したことがあれば、それを記述すればよいと考えます。なお、留意点として、人や物の流れが現場に近い3D画像で可視化できることから、実際に作業している方にも視覚的に確認してもらい、意見を求めることにあると考えます。第3項は、製造ラインであることから、製造現場と設置された機器・設備のメンテナンスに関係する部署を挙げました。さらに想定した生産機械のシミュレーション入力値として機械の仕様、能力などが、実現可能な数値なのかを確認するため生産機械メーカーも関係者として挙げています。

このように、いくつかの選択科目の問題を見ると、どこの選択科目でも根底にある課題が似ていると感じると思います。そういった理由から、自分が受験する選択科目以外の過去問題にヒントがある場合もありますので、参考にしてください。著者は、通信教育講座の模擬試験問題を作成する際には、他の技術部門・選択科目も含めて機械部門の全選択科目の過去問題を参考にさせてもらっています。結果的には、模擬試験問題と似ている問題が本試験で出題されたことを体験しています。

5. 選択科目（Ⅱ－1）の解答例

これまでいくつかの視点で技術士第二次試験の選択科目（Ⅱ）で出題されている問題を分析してきましたが、最後に解答枚数が1枚の選択科目（Ⅱ－1）の答案例をいくつか示したいと思います。ここでは、機械部門の全選択科目について各1問題を取り上げましたが、具体的な記述内容よりも、項目立てと各項目別の文章作成方法の例として参考にしてください。ここに示した例は、少なくとも60点以上の合格点を取れる問題に仕上げてはいますが、満点の解答として紹介しているわけではない点をご理解ください。技術士試験は、合格者数が決められた入学試験とは違い、技術士として十分な知識と経験があるかどうかを試すのが目的の試験ですので、合格点以上の得点を目指す必要はありますが、満点を取る必要はありません。

（1）例題1（機械設計）

○　DRBFM（Design Review Based Failure Mode）について、その手法の概要と特徴をFMEA（Failure Mode and Effects Analysis）と比較して述べよ。そのうえで、実施する際に考慮すべき事項を3点挙げてその理由を説明せよ。　（令和5年度　機械設計Ⅱ－1－4）

解答例

令和5年度　技術士第二次試験答案用紙

受験番号	0101B00XX	技術部門	機械　部門
問題番号	Ⅱ－1－4	選択科目	機械設計
答案使用枚数	1枚目　1枚中	専門とする事項	設計工学

○受験番号、問題番号、答案使用枚数、技術部門、選択科目及び専門とする事項の欄は必ず記入すること。
○解答欄の記入は、1マスにつき1文字とすること。（英数字及び図表を除く。）

1．DRBFMの手法の概要と特徴

FMEAは製品や構成する部品など主要な要素の故障モードを抽出し、その重要度に応じて対策を実施して品質トラブルを未然に防ぐための解析手法である。

DRBFMは、トヨタが活用している手法であり、FMEAの解析手法に加えて、設計の「変更点」や、製品の使用環境などの「変化点」に着目することで、品質トラブルの発生を防ぐ手法である。

特徴は、設計の変化に着目すること、また、品質不具合が起きないように「なぜ、そのような設計をしたのか、関係者で徹底して議論する」仕組みにある。

2．実施する際に考慮すべき事項とその理由

（1）不具合を未然防止するための設計

本来の目的である品質保証の観点から、設計の妥当性を審査することでリスクを想定して、設計段階で不具合の未然防止をすることが重要である。

（2）変更点の一元管理

DRBFMは変更点に特化して整理するため、作成された様式で一元的に管理することで、影響の大小にかかわらず、変更点を漏れなく把握する必要がある。

（3）関係者との情報共有

設計者だけが指摘を受けて改善を図るわけではなく、製品に係わる関係者全員が協力していくことが必要である。そのため、検討すべき項目を明確にして関係者全体で情報を共有することが有効である。　以上

●裏面は使用しないで下さい。　●裏面に記載された解答は無効とします。　24字×25行

(2) 例題2（材料強度・信頼性）

○　安全寿命設計及び損傷許容設計について、それぞれの概念、手法の概要及び適用上の技術的留意点を述べよ。

（令和5年度　材料強度・信頼性Ⅱ－1－3）

解答例

令和５年度　技術士第二次試験答案用紙

受験番号	0102B00XX
問題番号	Ⅱ－1－3
答案使用枚数	1 枚目　1 枚中

技術部門	機　械　部門
選択科目	材料強度・信頼性
専門とする事項	機械材料

※

○受験番号、問題番号、答案使用枚数、技術部門、選択科目及び専門とする事項の欄は必ず記入すること。
○解答欄の記入は、１マスにつき１文字とすること。（英数字及び図表を除く。）

1．安全寿命設計

(1) 概念と手法の概要：設計寿命中に構造部や部品に疲労などで致命的な損傷の発生や進展を許容しないように、安全を確保して設計する方法である。手法は、設計する部材に想定される繰り返し荷重で発生する応力から応力振幅を計算し、使用材料に応じたS−N線図から許容繰り返し回数を求めて、設計寿命を算出する。

(2) 適用上の技術的留意点：安全性や機能が確保できるようモニタリングや検査などによりその損傷を発見して、適切な補修や交換を行うことにより、安全性を確保する。

2．損傷許容設計

(1) 概念と手法の概要：機械やそれを構成する部品に小さな傷があった場合でも、それが成長して破壊に至ることを防ぐ設計思想・手法のことである。航空機など、高信頼性を要求される設計に用いられる。手法は、非破壊検査で検出可能又は製作時に残存する可能性がある欠陥の最小寸法を仮定し、部材の材質や寸法とその欠陥のサイズに応じた最適の疲労き裂伝播速度式を選ぶ。その後は1項と同様に想定する繰り返し荷重から発生応力振幅を計算して、S−N線図から許容寿命を計算する。

(2) 適用上の技術的留意点：き裂状損傷が発生・進展して最終的に不安定破壊を起こさないように、非破壊検査技術によって確実に検出することである。以上

●裏面は使用しないで下さい。　●裏面に記載された解答は無効とします。　24字×25行

(3) 例題3（機構ダイナミクス・制御）

○ フィードバック制御される装置の実例を1つ挙げ、その例においてフィードバック制御を用いることの利点を示せ。さらに、その装置のフィードバック制御における入出力（操作量と制御量）とコントローラの動作、及びそれを実現するハードウェア構成について具体的に説明せよ。
（令和5年度 機構ダイナミクス・制御Ⅱ－1－2）

解答例

令和５年度 技術士第二次試験答案用紙

受験番号	0103B00XX
問題番号	Ⅱ－1－2
答案使用枚数	1 枚目 1 枚中

技術部門	機 械 部門
選択科目	機構ダイナミクス・制御
専門とする事項	制御工学

※

○受験番号、問題番号、答案使用枚数、技術部門、選択科目及び専門とする事項の欄は必ず記入すること。
○解答欄の記入は、１マスにつき１文字とすること。（英数字及び図表を除く。）

　回転数一定のポンプの流量を流量調節弁によりPIDコントローラを用いて制御する装置（システム）を対象に述べる。
1．フィードバック制御を用いることの利点
　吸入・吐出境界の圧力が変動するなどの外乱があっても、安定的に流量を目標値に制御できる。計算モデルにより操作量を決め制御する手法に比べて、外乱に対する応答速度は遅いが、モデル予測に伴う誤差を生じない。計算モデルに基づいたフィードフォワード制御との併用により、応答速度の向上が図れる。
2．フィードバック制御における入出力
　入力：流量の測定値
　出力：流量調節弁の開度
3．フィードバック制御のコントローラの動作
　誤差（＝流量の測定値－流量の目標値）に基づき、比例項（P作動）および積分項（I作動）の計算を行い、出力を求める。なお、微分項（D作動）は本システムでは不要である。また、コントローラのパラメータであるゲイン及び積分時間は、コントローラが安定作動するように調整する必要がある。
4．フィードバック制御システムのハードウェア構成
①流量計（流量を測定する）
②PLC（Programmable Logic Controller）
③流量調節弁
④流量調節弁のアクチュエータ　　　以上

●裏面は使用しないで下さい。　●裏面に記載された解答は無効とします。　24字×25行

(4) 例題4（熱・動力エネルギー機器）

○　次世代の動力機関として燃料電池の開発が盛んに進められている。作動温度の異なる燃料電池の種類を2種類以上挙げ、それらの特徴を説明せよ。さらに水素とメタン（天然ガス）を燃料とした燃料電池単体の発電効率を前述の燃料電池の特徴とともに定量的に説明せよ。

（令和5年度　熱・動力エネルギー機器Ⅱ－1－1）

解答例

令和5年度　技術士第二次試験答案用紙

受験番号	0104B00XX	技術部門	機　械　部門	※
問題番号	Ⅱ－1－1	選択科目	熱・動力エネルギー機器	
答案使用枚数	1 枚目　1 枚中	専門とする事項	燃料電池	

○受験番号、問題番号、答案使用枚数、技術部門、選択科目及び専門とする事項の欄は必ず記入すること。
○解答欄の記入は、1マスにつき1文字とすること。（英数字及び図表を除く。）

1．作動温度の異なる燃料電池の特徴
　燃料電池は、水の電気分解と逆のプロセスを用い、水素と酸素を電極に送って電気と水を発生させる。いくつかの種類があるが、下記の2種類の特徴を示す。
（1）固体高分子形（PEFC）燃料電池の特徴
　固体高分子形は、作動温度が約80℃と低温で、起動性が高く、出力密度が大きいという特長を持っている。小型軽量化が可能であり、電解質が固体高分子膜であるため、保守性も容易であるため、電気自動車などの移動体にも活用できる。ただし、電極触媒にコストの高い白金類を使わなければならない。
（2）固体酸化物形（SOFC）燃料電池の特徴
　固体酸化物形は、作動温度が700～1000℃と高温で、高価な電極触媒を必要とせず、外部熱源なしに天然ガスを改質して水素を製造できる。固体電解質を用いるため、他の燃料電池のように薄膜状の電解質構造をとる必要がないため、大型化も可能であるが、小出力でも発電効率が良い。
2．水素と天然ガス燃料の燃料電池単体の発電効率
　固体高分子形の発電効率は、白金触媒に燃料ガスの一酸化炭素による被毒作用があるため、改質ガス中の一酸化炭素の除去管理が必要であるが、天然ガス等の改質ガスを用いた場合で30～40％である。また、固体酸化物形は燃料の組成に厳しい制約がなく、発電効率は40～65％である。
以上

●裏面は使用しないで下さい。　●裏面に記載された解答は無効とします。　24字×25行

（5）例題5（流体機器）

○ トリッピングワイヤの目的と作用を説明せよ。

（令和5年度　流体機器Ⅱ－1－2）

解答例

令和5年度　技術士第二次試験答案用紙

受験番号	0105B00XX
問題番号	Ⅱ－1－2
答案使用枚数	1枚目　1枚中

技術部門	機　械　部門
選択科目	流体機器
専門とする事項	流体機械

※

○受験番号、問題番号、答案使用枚数、技術部門、選択科目及び専門とする事項の欄は必ず記入すること。
○解答欄の記入は、1マスにつき1文字とすること。（英数字及び図表を除く。）

1．流れによる抗力
　物体が流れにより受ける抗力は、物体表面の境界層のはく離点の位置に依存する。境界層内の流れが層流の場合は、はく離点の位置は物体の後方側の比較的上流側に近い位置で生じ、そのため物体後方の圧力の低い止水領域の面積が大きくなり、抗力は相対的に大きくなる。境界層内の流れが層流から乱流に遷移すると、境界層内の圧力勾配が大きくなり、はく離点の位置が物体の後方側に移動して、物体後方の圧力の低い止水領域の面積が小さくなる。これに伴い、物体の抗力が低下する。この境界層の遷移は、通常はレイノルズ数（物体の流れに直行する方向の代表寸法に基づく）が 10^5～10^6 程度で生じる。
2．トリッピングワイヤの目的
　物体において、後方の境界層がはく離する位置に近い物体表面に、トリッピングワイヤ（細い棒状のもの）を流れと直行する方向に設置することにより、物体が流れにより受ける抗力を低減させるのが目的である。
3．トリッピングワイヤの作用
　トリッピングワイヤは、ワイヤ後方の流れを乱して、物体表面近傍の境界層内の流れを層流から乱流に遷移させるものである。これに伴い、はく離点の位置が後方に移動し、物体の抗力が低減する。ゴルフボールのディンプル（表面の凸凹）も、この原理に基づき、抗力を低減させるためのものである。　以上

●裏面は使用しないで下さい。　●裏面に記載された解答は無効とします。　24字×25行

(6) 例題6（加工・生産システム・産業機械）

○　工場内の搬送設備について自動搬送車（AGV）を含めて3種類挙げ説明し、AGVを導入する際の留意点について記述せよ。

（令和5年度　加工・生産システム・産業機械Ⅱ－1－4）

解答例

令和５年度　技術士第二次試験答案用紙

受験番号	0106B00XX	技術部門	機　械　部門	※
問題番号	Ⅱ－1－4	選択科目	加工・生産システム・産業機械	
答案使用枚数	1 枚目　1 枚中	専門とする事項	工場計画	

○受験番号、問題番号、答案使用枚数、技術部門、選択科目及び専門とする事項の欄は必ず記入すること。
○解答欄の記入は、1マスにつき1文字とすること。（英数字及び図表を除く。）

1．工場内の搬送設備
（1）搬送コンベア
搬送物を一方向に一定スピードで搬送する機器である。起点から終点までを機器が占有し、駆動方式はベルト式、ローラー式などがある。
（2）自律走行搬送ロボット（AMR）
現場をカメラ、センサ等のセンシング技術を使い、自ら環境地図を作成する。その地図をもとにAMR自身が最適ルートを探索して、人や物を避けて現場を走行することができる。
（3）無人搬送車（AGV）
磁気テープなどのガイドラインで決められたルート上を移動する搬送車である。経路上に作業者や障害物があった場合には停止する。
2．AGVを導入する際の留意点
AGVは、自動走行のために磁気テープなどの誘導体が必要なため、導入するにあたっては、工場内のAGV動線レイアウト設計が非常に重要となる。導入後のレイアウト変更には誘導体の敷設変更が必要であり、コスト低減を図るためには、入念な事前設計が求められる。また、AGVは自動で動くロボットであるが、AMRのように、障害物を自動で回避することはできないため、必要に応じて安全センサなどを付加し、想定される事象に対し十分な安全確保を図る必要がある。

以上

●裏面は使用しないで下さい。　●裏面に記載された解答は無効とします。　24字×25行

第4章
選択科目（Ⅲ）問題の対処法

選択科目（Ⅲ）は、「問題解決能力及び課題遂行能力」が求められる試験となっています。平成30年度以前の選択科目（Ⅲ）の過去問題を含めて見ると、受験者の「選択科目」におけるトピックス、技術動向や社会的な話題などの問題に興味を持って事前に準備をしておけば、十分に対応できると考えます。技術士は技術コンサルタントとしての能力が求められますので、選択科目（Ⅲ）の試験は、その能力が最も要求される報告書を作成するために試される試験問題、と考えればよいでしょう。そのような観点から、選択科目（Ⅱ）とは違った論述の展開が求められます。

1. 選択科目（Ⅲ）問題の目的

選択科目（Ⅲ）の出題内容は、『「選択科目」についての問題解決能力及び課題遂行能力に関するもの』を試す問題とされています。それでは、この「問題解決能力及び課題遂行能力」に関して具体的にどのような方法で試験が行われるのかは、第1章の図表1.9に示したとおり、試験の概念、出題内容と評価項目が日本技術士会から公表されています。

公表された出題概念で、『社会的なニーズや技術の進歩に伴い、社会や技術における様々な状況から、**複合的な問題や課題を把握し、社会的利益や技術的優位性などの多様な視点からの調査・分析を経て、問題解決のための課題とその遂行について論理的かつ合理的に説明できる能力**』とされています。

求められている視点として、「社会的利益や技術的優位性などの多様な視点」が示されていて、社会的利益や技術的優位性をどう示すのかを意識する必要があります。また、「調査・分析を経て、」という部分がありますので、この点をどのようにアピールするかがポイントになると考えますが、試験会場では調査はできませんので、実際には、「受験者自身の知識と経験により分析して、解答しなさい。」という理解でよいと思います。最後の「論理的かつ合理的に説明」という点は、技術士になるためには必須の条件ですから、第2章で説明した内容により練習すればできるようになると考えます。

出題内容としては、『社会的なニーズや技術の進歩に伴う様々な状況において生じているエンジニアリング問題を対象として、「選択科目」に関わる観点から課題の抽出を行い、多様な視点からの分析によって問題解決のための手法を提示して、その遂行方策について提示できるかを問う。』となっています。なお、「問題解決のための手法を提示して、その遂行方策について提示できるか」という点は、重要なポイントになると考えるべきです。

評価項目を確認すると、「技術士に求められる資質能力（コンピテンシー）のうち、専門的学識、問題解決、評価、コミュニケーションの各項目」となっています。

なお、現在の試験制度は令和元年度に改正されましたが、以上に記載したように公表された内容では、必須科目（問題Ⅰ）と同様に重要なキーワードが大きく変わりました。その重要なキーワードとは、①複合的な問題や課題、②多様な視点、③問題解決のための課題とその遂行、④論理的かつ合理的に説明、ということになります。これらの重要なキーワードを念頭にして、これから勉強していきたいと考えます。

選択科目（Ⅲ）の解答文字数は、600字詰解答用紙3枚ですので1,800字になります。2問出題された中から1問を選択して解答する問題形式です。選択科目（Ⅲ）では、受験者の選択した科目における技術について、最新の状況に興味を持って雑誌や新聞等に目を通していれば、想定していた範囲の問題が出題されると考えます。なお、選択科目（Ⅲ）も必須科目（Ⅰ）と同様に、小設問(1)で、「多面的な観点から課題を抽出せよ」という問いがあります。そのような点で、本著で説明する内容が参考になりますので、この内容を選択科目内のテーマと組み合わせて解答を考えると点数を稼ぐことができると考えます。

試験時間は、選択科目（Ⅱ）と合わせて3時間30分で行われます。

以上の説明だけでは、具体的な問題のイメージができませんから、以下に過去の試験問題を示しますので、これを見て試験対策を考えてください。

例題（材料強度・信頼性の例）

○　地球環境問題への取組の重要性が増している。ものづくりにおいても、製品の直接的な省エネルギやCO_2排出削減対策だけでなく、環境配慮設計の取組が進んでいる。環境配慮設計は、環境負荷低減策を、製品の開発や設計の段階で、製品ライフサイクル全般にわたって考慮する取組である。この取組には材料強度・信頼性に関わる事項も多く、製品の安全性や信頼性の担保が重要である。

（令和4年度　材料強度・信頼性Ⅲ－1）

(1) 具体的な機器や部品などを想定して、環境配慮設計を目的とした取組を行ううえでの課題を、技術者としての立場で多面的な観点から

> 3つ抽出し、それぞれの観点を明記したうえで、その課題の内容を示せ。
>
> (2) 抽出した課題のうち、材料強度・信頼性分野において最も重要と考える課題を1つ挙げ、その課題に対する解決策を3つ示せ。
>
> (3) 前問（2）で示した解決策を実行した際に生じ得る懸念事項を挙げ、それに対する対応策を示せ。

この問題例を見ると、前提となる問題文は「地球環境問題への取組として環境負荷低減を行う環境配慮設計」を問う問題になっています。これが、出題内容として示された「社会的なニーズや技術の進歩に伴う様々な状況において生じているエンジニアリング問題」ということです。設問の課題としては、「環境配慮設計を目的とした取組を行ううえでの課題」となっています。このような話題や課題は、最近の新聞やニュースなどで見たり、聞いたりした社会的な内容を背景にして出題されていることが理解できると考えます。機械部門の場合には、技術的な動向を背景にした問題も出題されていますが、新聞、ニュースや機械学会誌などで、受験者の選択科目における技術的な動向をしっかりと見極めておくことが重要となります。

2. 選択科目（Ⅲ）問題のテーマ

機械部門の選択科目（Ⅲ）で出題されている問題のテーマには、大きく分類して下記の2つのものがあります。

① その選択科目で課題となっている特有の技術テーマを取り上げた問題

② 社会的に問題となっている事項をベースとしてその選択科目における課題をテーマにした問題

技術士の社会的責務として、新技術開発（宇宙開発、海洋開発などを含む）、省エネルギー、環境問題、リサイクル化、安全性、高性能化、生産性向上、製造物責任、国際標準化、人材育成、ものづくり力の強化、大型台風や大規模地震による自然災害への対応、少子・高齢化対策やIT化などの社会的な要請課題についての見識が問われています。過去に出題された問題には、このような社会的なニーズとして考えられる問題点やテーマが多く含まれています。

ここでは具体的に、令和元年度試験以降に各選択科目で出題された内容を図表4.1～図表4.6に示します。これを見ると、機械部門ではどの選択科目でも類似の課題を扱っているのがわかると思います。そのため、自分が選択した科目の図表だけではなく、すべての選択科目の図表を読むと、機械部門における課題が認識できると考えます。

1）機械設計の問題解決能力及び課題遂行能力問題

図表4．1　機械設計の選択科目（Ⅲ）の課題

試験年度	Ⅲ－1の課題	Ⅲ－2の課題
令和 5年度	購入部品や製品の環境負荷の低い輸送効率を向上する設計の課題	「現場の知識」をデジタルツインに導入する課題
令和 4年度	アフターサービスなどのサービスへ適応させた製品を設計する課題	新製品の開発においてゼロエミッションを実現する課題
令和 3年度	自動化されたスマート工場化において具体例を挙げて開発の課題	新開発する機械製品で一部のコンポーネントを外製する課題
令和 2年度	モビリティ（移動）サービス向上の機械製品とその技術を想定してサービス向上を実現する課題	CAE能力を備えた設計技術者を育成し信頼性の高いシミュレーション結果を得る課題
令和 元年度	介護機器の１例を挙げ、開発・設計・導入・普及の課題	具体的な製品を挙げて、国際標準化の課題

このように、機械設計では、地球環境問題、少子高齢化・効率化・自動化・省力化対応のデジタル化問題、製品のサービス向上、自動化設備、新製品開発、介護機器、国際標準化などをテーマに課題が選定されています。どれも機械分野共通の課題ですので、課題自体は目新しいものではないと考えます。そのため、本著の内容を活かして、選択科目の項目としての問題解決手法をまとめていく力が求められています。

2）材料強度・信頼性の問題解決能力及び課題遂行能力問題

図表4. 2　材料強度・信頼性の選択科目（Ⅲ）の課題

試験年度	Ⅲ−1の課題	Ⅲ−2の課題
令和5年度	設計上相反する仕様を満足するための最適化設計を行う課題	設計寿命以前に破損した部品の再設計に応力解析を用いる課題
令和4年度	環境配慮設計を目的とした取組を行ううえでの課題	リスク情報に基づく設備保全の導入の課題
令和3年度	機械構造物の開発試験の一部を数値シミュレーションに置き換える課題	不規則に変動する内圧を受ける製品開発で安全性・信頼性を保証する課題
令和2年度	具体的な機器・装置、部品・機械要素を想定して、軽量化の目的とその課題	機械構造物の設計寿命を超えて使用する場合に、機能又は健全性を維持するための課題
令和元年度	局所破壊から大規模破壊に可能性のある事象を設定して、大事故防止あるいは被害軽減のための課題	機械構造物の設計で基本型から多くの型式の製品を派生させて対応する場合の課題

このように、材料強度・信頼性では、機械的強度・軽量化問題、有限要素法による応力解析の問題、環境配慮設計の課題、安全性・信頼性の課題、設備保全の課題、設計寿命と維持管理など普遍的な事項について出題されています。普遍的な問題に関しては、これまでの受験者の経験で対応すれば、解答できると考えます。また、本著の内容を活かして課題を抽出したのちに、問題解決の手法を示すと評価の高い答案が作成できると考えます。

3）機構ダイナミクス・制御の問題解決能力及び課題遂行能力問題

図表4.３　機構ダイナミクス・制御の選択科目（Ⅲ）の課題

試験年度	Ⅲ－１の課題	Ⅲ－２の課題
令和５年度	メカトロニクス製品における代替の半導体ICを採用する課題	新製品の開発において生体認証を組込む課題
令和４年度	自動車のレベル４自動運転の開発について、レベル３との比較で難度が高い課題	音・振動問題に特有の共振現象に対応する音・振動設計のフロントローディングを進める課題
令和３年度	路面電車システムの自動運転化を実現する課題	製造ラインの開発者、若しくは製造ラインで製品を製造する生産者の立場で、製造ラインに機械学習を導入する課題
令和２年度	自動組み立て機の高速化において高速化と相反する要求性能を解決するための課題	制御系を備えた機械システムにおいて緊急停止させる必要があると判断される危険事象とその観点
令和元年度	健全に稼働して、機能不全を起こすことが許されない機械機器・装置の製品開発の課題	人間がシステム内に介在して動作する協働システムの安全性に対する課題

このように、機構ダイナミクス・制御では、半導体IC、生体認証、自動運転化、音・振動問題、生産ラインの機械学習、高速化や緊急停止の課題、安全性の課題など年度によってテーマが大きく変わっていますので、試験会場で自分の業務経験をもとにどちらかの問題を選択することになります。テーマが絞りにくい出題が継続していますが、普遍的な問題に関しては、これまでの受験者の経験で対応するしかありません。本著の内容を活かして課題を抽出したのちに、問題解決の手法を示すと評価の高い答案が作成できると考えます。

4）熱・動力エネルギー機器の問題解決能力及び課題遂行能力問題

図表4.4　熱・動力エネルギー機器の選択科目（Ⅲ）の課題

試験年度	Ⅲ－1の課題	Ⅲ－2の課題
令和5年度	火力発電所の燃焼排ガスからの二酸化炭素の分離回収を実施する課題	高い源泉温度を活用した発電と熱熱供給システムを実現する課題
令和4年度	電力自給率を最大化して将来ネットゼロ達成するための太陽光発電設備の容量とその課題	火力発電所のデジタル化導入事例の列挙と新たなデジタル化による問題解決を図る課題
令和3年度	都市ガス網を活かし水素混入等の燃料転換によるCO_2排出量の削減の課題	再生可能エネルギーの導入拡大で火力発電所の調整力が必要となる背景と発電方式を示し、部分負荷効率向上以外の課題
令和2年度	老朽化したあるいは将来老朽化が予測される動力エネルギー設備の老朽化対策で調査・評価を含む課題	大量の電力を消費するデータセンタの設計に当たり留意事項とその課題
令和元年度	エネルギー機器に関して技術的及び社会的変革が起こりうる技術を挙げその課題	2030年度目標である「2013年度比で温室効果ガス26％削減」を実現する技術分野を挙げその課題

このように、熱・動力エネルギー機器では、カーボンニュートラルやCO_2削減などの地球環境問題から派生する問題が一番多く出題されていて、それに加えて、老朽化対策の課題、デジタル化の課題などが出題されています。この選択科目を受験する方にとっては基本的な課題となっていますので、これまでの受験者の経験で対応すれば、解答できると考えます。

5）流体機器の問題解決能力及び課題遂行能力問題

図表4.5　流体機器の選択科目（Ⅲ）の課題

試験年度	Ⅲ－1の課題	Ⅲ－2の課題
令和5年度	発生が予想される流体に関係した振動の課題	流体機器の環境負荷低減の方策として長寿命化を進める課題
令和4年度	維持管理向上のためIoTを活用して計測機器を新たに取り付けて現地測定データを取得する課題	再生可能エネルギーの電力供給網で系統調整を担う方式を挙げ、期待される調整力の機能と運用上の課題
令和3年度	二酸化炭素の回収・有効利用・貯留で用いられる流体機械を挙げて、運用するうえでの課題	流体機械を主機とするシステムを挙げ、新たにモデルベース開発を導入してシステム開発・設計の課題
令和2年度	開発・設計・製造での3Dプリンタの活用方法とその特性を示し、その3Dプリンタを活用する課題	情報通信技術（ICT）・IoTを利用する「運用」や「維持管理」のシステムを流体機器又はそれを主機とするシステムに構築する課題
令和元年度	流体機器が主機として用いられるシステムについて再生可能エネルギー利用取組の課題	「設計」、「計測」、「制御」、「運転監視」の目的に機械学習を使ったAIを応用する際の課題

このように、流体機器では、流体機械における普遍的な課題や、エネルギー・環境問題での課題、維持管理、システム化の課題などについて問題が出題されています。そのため、この選択科目を受験する方にとっては、どれも業務を行ううえでは考えなければならない内容ですので、特に答案作成に苦慮するテーマではないと思います。しかし、前提となる社会や技術の変革についてはしっかりと本著で知識を習得しておくことは有益であると思います。

6）加工・生産システム・産業機械の問題解決能力及び課題遂行能力問題

図表4.6　加工・生産システム・産業機械の選択科目（Ⅲ）の課題

試験年度	Ⅲ－1の課題	Ⅲ－2の課題
令和 5年度	軽量化のため高張力鋼板・軽金属の塑性加工、熱可塑性CFRPの成形、異種材料の接合などの技術導入の課題	ものづくりにデジタルツインを推進する課題
令和 4年度	最適化に必要なエンジニアリングチェーンの技術情報やデジタルデータの共有について生産部門の課題	製品から回収した再生材料や再生部品を最大限活用して新品の原材料を最小にする生産技術の課題
令和 3年度	フレーム構造体の軽量化のため、候補材料の組合せによるマルチマテリアル化を検討する課題	素材サプライヤー、部品製造会社、製品製造会社のサプライチェーンを構成する情報共有化の課題
令和 2年度	1辺が100 mm角程度の中空金属部品の製作プロセスを2つ挙げ、3Dプリンタを活用する際の課題	機械製品の生産システムを挙げて、操業継続計画（BCP）対応への課題
令和 元年度	「ものづくり」の1プロセスである製造プロセスのデジタル化の課題	産業構造の変革も含めてEVを普及させるための課題

このように、加工・生産システム・産業機械では、CO_2排出量低減、ものづくりのデジタル化問題、最適化生産の課題、3Rのさらなる推進、3Dプリンタ活用の課題、操業継続計画の課題などについて問題が出題されています。課題が示す対象が俯瞰的な内容で的を絞りにくい出題となっていますが、どれも業務を行ううえでは考えなければならない内容、かつ昨今の技術動向・手法に即した設問となっていますので、特に答案作成に苦慮するテーマではないと思います。しかし、前提となる社会や技術の変革についてはしっかりと本著で知識を習得しておくことは有益であると思います。

6つの選択科目の過去の出題問題を見ると、この後の第6章で説明する必須科目（Ⅰ）の基礎知識と共通しているのがわかると思います。『「選択科目」についての問題解決能力及び課題遂行能力に関するもの』を試す問題が出題される選択科目（Ⅲ）も、『「技術部門」全般にわたる専門知識、応用能力、問題解決能力及び課題遂行能力に関するもの』を試す問題が出題される必須科目（Ⅰ）もアンダーラインを引いた部分は同じですので、当然のことといえます。ですから、本著で狙っている知識の吸収は、筆記試験で出題される3枚解答問題に共通したものと考えて勉強してください。午後の試験で最も解答枚数が多い選択科目（Ⅲ）と、1問で合否判定が行われる必須科目（Ⅰ）に共通した知識となると、筆記試験の合格には欠かせない知識ということになります。その点を強く認識して後の章を読み進めてください。

3. 具体的な問題とポイントアドバイス

下記にそれぞれの選択科目別に出題された問題をいくつか示しますので、多面的な観点から、問題内容を検討してみてください。なお、自分が受験する選択科目の問題だけではなく、その他の5つの選択科目でどんな問題が出題されているのか読むだけでも、機械部門全体でどういった潮流があるのかがわかり参考になると思います。

(1) 機械設計

機械設計では、地球環境問題、少子高齢化・効率化・自動化・省力化対応のデジタル化問題、製品のサービス向上、自動化設備、新製品開発、介護機器、国際標準化などをテーマに課題が選定されています。どれも機械設計の分野で実際に直面している事項をテーマにした問題が出題されています。そういった点で、取り組みやすい問題となっています。

(a) 問題例1

○ 部品の入手から製品の配送にいたるまで、モノづくりにはサプライチェーンを通した物流が不可欠である。しかし、物流が二酸化炭素排出量全体に占める割合は大きく、環境の側面から輸送効率の向上に向けた対策が急務である。これに対応し、モーダルシフトなど環境負荷の低い輸送手段への切り替え、例えば、輸送車両の大型化や低燃費車両の導入などが試みられているが、製品を設計する観点からも多面的なアプローチが考えられる。　　　　　(令和5年度　機械設計Ⅲ－1)

(1) 担当する製品を具体的に1つ示し、購入部品や製品の輸送効率を向上する事を目的として、設計段階で重要になる課題を機械技術者としての立場で多面的な観点から3つ抽出せよ。

(2) 前問 (1) で抽出した課題のうち最も重要と考える課題を1つ挙げ、

重要と考えた理由とその課題に対する複数の具体的な解決策を示せ。
(3) 前問 (2) で示したすべての解決策を実行しても新たに生じうるリスクとそれへの対策について、専門技術を踏まえた考えを示せ。

《解答を考えるためのポイント》

この問題は、第6章で示した内容を把握していないと、問題が求めているポイントがうまく把握できないままに解答を作ってしまう可能性がある問題といえます。設計分野に関係する目標とターゲットを事前に認識して書き出すと、評価が高い解答が作成できると考えます。最初にサプライチェーンにおける物流に使用される輸送方法を検討する必要があります。環境負荷の低い輸送手段への切り替えには、どういった方法が今後注目されるのか、EVトラックの高速道路での自動運転輸送は当然として、海外からの調達ではゼロエミッション船舶、近距離ではドローン物流なども考えられます。また、物流拠点との関連も含めた検討も必要になるでしょう。そのような観点から、製品の設計をするために何を考慮しなければならないのか、着目すべき点は多くあると考えます。

(b) 問題例2

○　環境汚染による地球温暖化により、気温や海水温が上昇し、熱波・大雨・干ばつの増加など、様々な気候の変化が起きている。その影響は、生物活動の変化や、水資源や農作物への影響など、自然生態系や人間社会に対して大きな問題となっている。

これを解決するために、環境汚染や気候混乱をさせる廃棄物を排出しない再生可能なエネルギーの適用や、エンジン・モーター製品の高効率化への取組などにより、「ゼロエミッション」の実現が急務となっている。

ゼロエミッションとは、これまでの3Rに代表される環境配慮設計に留まらない、人間の活動から発生する排出物を限りなくゼロにすることを目指す、あるいは最大限の資源活用を図り、持続可能な経済活動や生産活動を展開する理念と方法のことで、機械設計の分野でもゼロエミッションの思想を取り入れた製品設計が求められている。

（令和4年度　機械設計Ⅲ－2）

(1) 新しく開発する機械製品を具体的に示し、その設計を担当する技術者の立場で、ゼロエミッションを実現するための具体的な課題を多面的な観点から3つを抽出し、それぞれの観点を明記した上で、課題の内容を示せ。

(2) 抽出した課題のうち最も重要と考える課題を1つ挙げ、最も重要と考えた理由とその課題に対する複数の解決策を示せ。

(3) 全ての解決策を実行しても新たに生じるリスクとそれへの対策について、専門技術を踏まえた考えを示せ。

《解答を考えるためのポイント》

この問題の背景は、第6章の第2節で「(4) サーキュラーエコノミー」として紹介しています。3R（廃棄物等の発生抑制・循環資源の再使用・再生利用）＋Renewable（バイオマス化、再生材利用等）をはじめとするサーキュラーエコノミーへの移行を大胆に実行するためには、装置や部品が製品寿命を終えたのち、どのように再生して活用するのかを設計段階から検討しておくことが求められています。この問題では、Renewableに重点を置いた解答が求められています。素材としてどのような再生方法があるのか、例えばアルミニウムは代表的な再生金属材料ですが、回収と溶解により基材としての活用を考えたうえでどのような製品設計をするのかを検討することになります。俯瞰的な視点で、利用方法と利用が拡大されるための仕組みについて考えて解答すれば、評価が得られます。

(2) 材料強度・信頼性

材料強度・信頼性では、機械的強度・軽量化問題、有限要素法による応力解析の問題、環境配慮設計の課題、安全性・信頼性の課題、設備保全の課題、設計寿命と維持管理などの課題など普遍的な事項について出題されていますので、これまでの受験者の経験で対応すれば、解答できると考えます。

（a）問題例1

> ○　近年、機械・構造物の設計だけでなく研究開発においても、応力解析の手法として有限要素法が広く用いられている。ここで、ある装置の部品の設計に対して、有限要素法による応力解析を用いることを想定する。応力解析の結果から仕様を満足する形状を設計し、その形状で部品を製造した。しかし、実際の運用時にはこの部品が設計寿命以前に破損したため、この部品の再設計が必要となった。
>
> （令和5年度　材料強度・信頼性Ⅲ－2）
>
> (1) 破損した部品の再設計に応力解析を用いる際の課題を多面的な観点から3つ抽出し、その観点を明記したうえで、その課題の内容を示せ。
>
> (2) 前問（1）で抽出した課題のうち、材料強度・信頼性分野において最も重要と考える課題を1つ挙げ、その課題に対する複数の解決策を示せ。
>
> (3) 前問（2）で提示したすべての解決策を実行して生じる波及効果と専門技術を踏まえた懸念事項への対応策を示せ。

《解答を考えるためのポイント》

この問題は、材料強度・信頼性分野においては普遍的な問題ですので、第6章では説明をしていません。コンピュータシミュレーション技術の向上に伴い、この分野では有限要素法による応力解析に基づいた強度設計が多用されています。従来の計算式による強度設計より、解析による強度設計が採用されている背景には、コンピュータ性能アップやCADデータから解析に必要なメッシュ（要素）の自動作成などの解析ソフトの進歩があります。一方で、解析技術者の経験や能力により解析結果が異なる可能性があること、モデル化の質や解析条件などにより解析結果や設計品質に影響を与える、という問題が発生しています。この問題は、そのような背景によるものと推察されます。そのような観点から、この問題をどのように解決するかの課題は、技術者の能力・経験・資質、実際の製品と解析上のモデル化の質、解析条件などになると考えられます。また、再設計を実施するためには、破損した部品の損傷形態を調査して、破損モードや原因を調査する必要があります。こういった観点からの課題も必要となります。

(b) 問題例2

○ 地球環境問題への取組の重要性が増している。ものづくりにおいても、製品の直接的な省エネルギやCO_2排出削減対策だけでなく、環境配慮設計の取組が進んでいる。環境配慮設計は、環境負荷低減策を、製品の開発や設計の段階で、製品ライフサイクル全般にわたって考慮する取組である。この取組には材料強度・信頼性に関わる事項も多く、製品の安全性や信頼性の担保が重要である。

(令和4年度　材料強度・信頼性Ⅲ－1)

(1) 具体的な機器や部品などを想定して、環境配慮設計を目的とした取組を行ううえでの課題を、技術者としての立場で多面的な観点から3つ抽出し、それぞれの観点を明記したうえで、その課題の内容を示せ。

(2) 抽出した課題のうち、材料強度・信頼性分野において最も重要と考える課題を1つ挙げ、その課題に対する解決策を3つ示せ。

(3) 前問 (2) で示した解決策を実行した際に生じ得る懸念事項を挙げ、それに対する対応策を示せ。

《解答を考えるためのポイント》

この問題は、第6章の第2節で示した内容を把握していないと、問題が求めているポイントがうまく把握できないままに解答を作ってしまう可能性がある問題といえます。また、安全性・信頼性の確保に関しては、第6章第4節を参照にしてください。材料強度・信頼性分野に関係する目標とターゲットを事前に認識して書き出すと、評価が高い解答が作成できると考えます。製品ライフサイクル全般にわたって安全性や信頼性を担保しつつ考慮すべきことですから、高強度材料や複合化材料による強度向上と軽量化、長寿命化、詳細な応力解析による形状の簡素化と軽量化、保全性の向上、材料の3R化などから受験者の経験があるものを中心として選択すれば、課題はいくつか出てくると考えます。そのような観点から、環境配慮設計への取組には材料強度・信頼性に関わる事項も多く、着目すべき点は多くあると考えます。

(3) 機構ダイナミクス・制御

機構ダイナミクス・制御では、半導体IC、生体認証、自動運転化、音・振動問題、生産ラインの機械学習、高速化や緊急停止の課題、安全性の課題など年度によってテーマが大きく変わっています。テーマが絞りにくい出題が継続していますが、自分の業務経験をもとにどちらかの問題を選択することになります。

(a) 問題例1

> ○　セキュリティと利便性の向上を目的に生体認証を組み込んだ機器・設備が普及してきている。認証に利用される生体情報としては、指紋、顔、虹彩、音声などがあり、スマートフォンのようなインターネット接続機器の認証に利用される便利な技術となっている。一方、生体認証に利用される認証情報は、改正個人情報保護法に定められた個人情報（個人識別符号）であり、情報の取り扱いには配慮が必要である。
>
> 生体認証で利用者を特定することにより利便性を向上させる新しい製品を開発することとなった。その製品開発に携わる機械技術者の立場で、以下の問いに答えよ。　（令和5年度　機構ダイナミクス・制御Ⅲ－2）
>
> (1) 生体認証を新たに組み込む製品を1つ想定し、生体認証を組み込むことによる利便性を説明したうえで、生体認証を組み込むうえでの課題を多面的に3つ抽出して各課題の内容を示せ。
>
> (2) 前問（1）で抽出した3つの課題の中で最も重要と考える課題を1つ選択し、専門技術用語を用い課題に対する複数の具体的な解決策を示せ。
>
> (3) 前問（2）で示したすべての解決策を実行した後に、新たに生じ得る懸念事項を事前に予想し、その対策について専門技術を踏まえた考えを示せ。

《解答を考えるためのポイント》

この設問では、生体認証を新たに組み込む製品を1つ想定することが求められていますが、その製品と合わせて生体認証として採用する方法を検討する必要があります。生体認証には、身体的特徴を測定するもの（顔、指紋、虹彩、静脈など）と動作の癖を測定するもの（声紋、歩容（歩き方)、手書きの署名など）の2つの分類があり、測定する部位や動作の内容によって、測定のしやすさも異なります。生体認証を組み込む場合、認証する身体部位や動作結果の測定のために読み取り機（リーダー）が必要で、スマートフォンにほぼ標準的に搭載されている指紋リーダーや、カメラ、マイクなどであればコストも安くなりますが、顔を立体的なデータとして捉える3D顔認証や、静脈など体の奥に隠されている部位を使う方式、歩き方を認識する「歩容認証」など特殊な方式の場合は、高価な専用リーダーが必要になることも多く、コストがかかり経済性の問題があります。また、生体認証のデメリットは、成長や老化、生活の状況によって、特徴が変化してしまうことです。そこまで大きな変化でなくても、化粧、汚れ、汗、飲酒などの一時的な変化によって生体認証がうまくいかなくなることは頻繁に起こりうるという点ではデメリットになります。例えば、指紋は年を経ると摩耗して変化する場合があります。声紋は一卵性双生児ではほとんど差がないため、誤認証のリスクがあります。指紋認証では指紋を物理的に採取され、悪用される可能性があります。このようなデメリットに対する課題も必要となります。

(b) 問題例2

○ 製品開発におけるフロントローディングとは、要件定義や基本設計など開発の上流工程に予算や人材を多く投入して設計の品質・精度を高め、下流工程にて発生する問題・不具合を減らし、全体として開発のスピード向上とコスト削減を図る手法である。自動車、船舶、OA機器、工作機械など音や振動を伴う工業製品は多く、また、設計意図から外れた有害な音や振動が製品性能を劣化させ開発遅延やコスト増大を招く事が多い。機械の音・振動問題に特有の共振現象は、開発初期での性能の見積りや開発後期での問題解決を困難にする大きな原因となる。このような状況を考慮して、以下の問いに答えよ。

（令和4年度　機構ダイナミクス・制御Ⅲ－2）

(1) 音・振動設計のフロントローディングを進めるに当たって、技術者としての立場で多面的な観点から3つの課題を抽出し、それぞれの観点を明記したうえで、その課題の内容を示せ。

(2) 前問で抽出した課題のうち最も重要と考える課題を1つ挙げ、その課題に対する複数の解決策を専門技術用語を交えて示せ。

(3) 前問（2）で示したすべての解決策を実行しても新たに生じうる問題とそれへの対策について、専門技術を踏まえた考えを示せ。

《解答を考えるためのポイント》

工業製品には可動する部品があれば、それらから音や振動が発生することになります。振動には、自由振動、強制振動と自励振動がありますが、機械装置や部品はこれらの振動が発生する可能性があります。加振源としては、回転や往復動のような外力、内部流体力や電磁力など様々なものがあります。フロントローディングでは、まずは開発する製品の仕様から加振源がどのようなものであるか検討していく必要があります。また、開発する製品に対して、どの程度の振動が許容できるのか目標値を設定することが重要です。基本設計では、開発する製品の寸法、構造や材料などを確定させていきますが、その際に、振動抑止の目標値に合わせて、振動対策方針（剛性を上げるのか、ダンパにより振動を抑えるのか、振動を絶縁するのか等）をあらかじめ決めておく必要があります。さらに、振動解析を実施して、選定した振動対策が有効に機能するよう設計を行うことが課題となります。CAEを用いて部品やアセンブリの固有振動数を解析し、製品の振動や騒音を事前に検討することが課題となります。CAEにより固有振動数やモードシェイプ（振動時における構造体の動く様子）の検討を行います。なお、振動や騒音の基準が法令などで定められている場合は、規定値に収まるようにシミュレーションを実施します。また、過去の類似製品で音と振動が発生していないか、事前に確認しておくことも課題となります。なお、振動・騒音の解析精度はモデル次第ですが、過去の実績と比較して解析精度を確認する、パラメータスタディにより解析結果に幅を持たせて解析誤差をカバーするなどの対応が考えられます。また、自励振動については、フロントローディング段階での発生予測が難しく、過去の類似製品開発時に生じた問題を整理して、課題として挙げておくとよいでしょう。

(4) 熱・動力エネルギー機器

熱・動力エネルギー機器では、カーボンニュートラルやCO_2削減などの地球環境問題から派生する問題が一番多く出題がされていて、それに加えて、老朽化対策の課題、デジタル化の課題などが出題されています。業務に関連した基本的な課題となっていますので、これまでの受験者の経験で対応すれば解答できると考えます。

(a) 問題例1

○ 十分な湯量の温度70～95℃の源泉を持つ日帰り温泉施設がある。施設では軽油焚きボイラと系統電力を用いて空調や給湯の熱需要に対応している。この度、環境負荷も勘案し、軽油焚きボイラを廃止し、高い源泉温度を活用した発電と熱供給を検討することとなった。あなたがエネルギー技術者として本検討に加わるに当たり、以下の問いに答えよ。

(令和5年度 熱・動力エネルギー機器Ⅲ－2)

(1) あなたが考えるシステムを簡単に図示し、構成要素を説明するとともに、本システムを実現するうえでの課題を、技術者として多面的な観点から3つ抽出し、それぞれの観点を明記したうえで、その課題内容を示せ。

(2) 前問 (1) で抽出した課題のうち最も重要と考える課題を1つ挙げ、これを最も重要とした理由を述べよ。その課題に対する複数の解決策を、専門技術用語を交えて示せ。

(3) 前問 (2) で示したすべての解決策を実行しても新たに生じうるリ

スクとそれへの対策について、専門技術を踏まえた考えを示せ。

《解答を考えるためのポイント》

小設問（1）で「システムを簡単に図示し」と求められていることから、最初にどのようなシステムを提案して解答するのかを考える必要があります。背景に「十分な湯量の温度70～95℃の源泉」と述べられていることから、地熱発電ではなく「温泉発電」を取り上げるのが妥当であると考えます。温泉発電は、「バイナリー発電」の仕組みとなり、温泉水の熱源で沸点が低い代替フロンやアンモニアなどの媒体へ熱交換して蒸気を発生させ、その蒸気圧力によってタービンを回して発電する方法です。媒体には、アンモニア水、炭化水素ガス（ペンタン等）、不活性ガス（代替フロン）が用いられます。温泉バイナリー発電では、低沸点媒体として代替フロンが使われることが多く、その沸点は約15℃ですので、十分に発電可能となります。また、源泉の温度が50℃以上と高いので、そのままでは浴用に利用できず冷ます必要がありますが、バイナリー発電で利用した後で適した温度まで冷めたお湯を浴用に使えば、一石二鳥のエネルギー活用ができます。なお、温泉には様々な成分が含まれており、放置すると配管内に固着して、発電効率が落ちるなどの弊害があるため、定期的な配管のスケール洗浄および修繕工事などメンテナンスが課題となります。

(b) 問題例2

○　IoTやAI技術の進歩に伴い、火力発電分野においてもデジタル化を進めることで、制御の自動化やデジタル化には留まらない新たな運用方法・サービスの創出が始まっている。特に近年注目されているデジタルツインにより火力発電所をバーチャルに再現し、運転の予測・最適化等を行うことで、現在火力発電が直面している様々な問題を解決する事例が出てきている。一方で、デジタル化に必要な人材の不足など、その導入に当たっては様々な課題がある。火力発電所のデジタル化を進める技術者として、以下の問いに答えよ。

（令和4年度　熱・動力エネルギー機器Ⅲ－2）

(1) 火力発電所のデジタル化の導入事例を複数列挙せよ。今後新たにデジタル化による火力発電所の問題解決を図るに当たり、技術者として多面的な観点から課題を3つ抽出し、それぞれの観点を明記したうえで、その課題の内容を示せ。

(2) 前問（1）で抽出した課題のうち最も重要と考える課題を1つ挙げ、その課題に対する複数の解決策を、専門技術用語を交えて示せ。

(3) 前問（2）で示したすべての解決策を実行して生じる波及効果と専門技術を踏まえた懸念事項への対応策を示せ。

《解答を考えるためのポイント》

この問題の背景には第6章の第3項で説明した内容がありますが、その目的を明確にしないと効果的な問題解決ができないのが特徴といえます。熱・動力エネルギー機器分野においては、再生可能エネルギーの導入拡大化という方向性を考えると、新規の火力発電所の計画が立てられない状況で、既設火力発電所をいかに効率化しているのかが、課題となっています。そのような状況の中で火力発電所を有効に活用していくためには、それらを適切に管理して、効率を上げたり、寿命を延ばしたりしていく方策が求められます。また、再生可能エネルギー電源の増加に伴い、調整電源として頻繁な負荷変動や長時間の低負荷運転を含む運用に対応する必要があります。そのためには、設備の状況を適宜・適切に把握し、運転を行っていく必要があります。火力発電所におけるデジタルツインでは、バーチャル上に実際の発電所を模した仮想発電所を再現して、実際の運転データに対して機械学習や深層学習といったAI技術を活用することで、環境負荷を低減するために、オペレーションの効率化と発電設備の稼働率の向上を行っています。デジタルツインでは、暗黙知となっている経験知をどのように仕組みに取り入れるかなどの課題も含まれます。

(5) 流体機器

流体機器では、流体機械における普遍的な課題や、エネルギー・環境問題での課題、維持管理、システム化の課題などについて問題が出題されています。そのため、この選択科目を受験する方にとっては、どれも業務を行ううえでは考えなければならない内容ですので、自分の技術力を示す問題と考えて解答する必要があります。

(a) 問題例1

○　近年の持続可能な開発目標（SDGs）の達成を鑑みて、流体機器の環境負荷を低減するための1つの方策として長寿命化が進められている。このような状況を踏まえて、流体機器分野の専門技術者としての立場で、以下の問いに答えよ。　　　　（令和5年度　流体機器Ⅲ－2）

(1) 対象となる流体機器を1つ挙げ、長寿命化を進めるうえでの課題を技術者としての多目的な観点から3つ抽出し、その内容を観点とともに示せ。

(2) 前問（1）で抽出した課題のうち最も重要と考える課題を1つ挙げ、重要と考えた理由を述べ、その課題の解決策を複数示せ。

(3) 前問（2）で示したすべての解決策を実行したうえで生じる懸念事項に対する専門技術を踏まえた対応策と、生じる波及効果を示せ。

《解答を考えるためのポイント》

この問題は、第6章の第1節で示した内容を把握していないと、問題が求めているポイントがうまく理解できないままに解答を作ってしまう可能性がある問題といえます。流体機器の寿命は、流体機器そのものの強度と負荷のバランスから決まります。そのバランスは、強度・負荷の大きさだけでなく、流体機器を取り巻く環境によっても左右されます。負荷は流体の流動損失や流動抵抗から決まりますが、効果的に実施するためには流体制御技術を用いることになります。一般的には、CFDシミュレーションにより流路の最適化や翼の最適化、シール漏れの最適化を図ります。一方、長寿命化を図るには、様々な分野・観点からの取組が必要で、材料技術や診断・解析・設計技術による検討が必要となります。また、環境改善としての流体の清浄化や流体そのものの質の向上、さらにはシール技術などの流体潤滑技術によっても長寿命化が可能となります。ベアリングなど、損傷しやすい機械部品の構造を変えるなどして長寿命化を図る方法も一般的に考えられます。また、運転時の状態監視を行い、異常を各種のセンサによって感知してメンテナンスを行うことによる長寿命化など、着目すべき点は多くあると考えます。

(b) 問題例2

○ 既設の流体機器の維持管理向上のためにIoTの活用が進められている。IoT化を進めるためには対象となる流体機器から維持管理に必要な情報を抽出する必要があるが、そのためにはさまざまなセンサを含む計測機器を用いて現地データを測定する必要がある。このような状況を踏まえて、流体機器分野の専門技術者としての立場で、以下の問いに答えよ。

（令和4年度　流体機器Ⅲ－1）

(1) IoT化の対象となる既設の流体機器を1つ挙げ、センサを含む計測機器を新たに取り付けて、現地測定データを取得するうえでの課題を技術者としての多面的な観点から3つ抽出し、その内容を観点とともに示せ。

(2) 前問（1）で抽出した課題のうち最も重要と考える課題を1つ挙げ、重要と考えた理由を述べ、その課題の解決策を複数示せ。

(3) 前問（2）で示したすべての解決策を実行したうえで生じる懸念事項への専門技術を踏まえた対応策と、生じる波及効果を示せ。

《解答を考えるためのポイント》

この問題の背景には、問題例1で示した長寿命化があると推察しますので、そのような観点からの検討も必要になると考えます。維持管理に必要な情報は、その流体機器の設計時に想定した各種の仕様（例えば、内部流体の圧力・温度・粘土などの性質、吸込時の圧力、吐出圧力と流量、回転数、必要な軸動力など）と運転時にそれらの状況がどのようになっているかです。その流体機器が、設計仕様の範囲内で運転されているかを確認することが維持管理の基本になります。また、安全に安心して運転を継続するためには、内部流体の漏洩や軸受などの部品の損傷をさせないことが必須条件となります。これらのデータを運転中に取得するためのセンサや計測機器には、圧力計、振動センサ、軸振動センサ、回転数センサ、吐出流量計、潤滑油温度計、軸温度計などがあります。なお、振動の測定には、流体機器の特徴に合わせて加速度・速度・変位を部位ごとに選定し測定する必要がある場合もあります。振動に伴い音が発生するので、音センサの設置も必要でしょう。これらのセンサにより現場で収集したデータは、常時、人による監視・管理ができるわけではありませんので、インターネットを経由してクラウドサーバに蓄積してから、AI技術を活用したデータ分析も考える必要があります。維持管理に効果的なデータを集中的に集め、効率的に判断を行うためには、何を工夫しなければならないかをしっかりと考えることが大切です。

(6) 加工・生産システム・産業機械

加工・生産システム・産業機械では、CO_2排出量低減、ものづくりのデジタル化問題、最適化生産の課題、3Rのさらなる推進、操業継続計画の課題など、どれもこれまでも業務で考えていた内容についての出題も多く、実務的な内容が出題されていますので、自分の技術力を示す問題と考えて解答する必要があります。

(a) 問題例1

○　CO_2排出量低減の取組の中で自動車などの軽量化のため、高強度材、軽量化材の技術開発や適用が進んでいる。高張力鋼板や軽金属の塑性加工、熱可塑性CFRPの成形、異種材料の接合などは注目されている技術である。これらを導入する生産技術者の立場で以下の問いに答えよ。

（令和5年度　加工・生産システム・産業機械Ⅲ－1）

(1) 多面的な観点から3つの課題を抽出し、それぞれの観点を明記したうえで、その課題を示せ。
(2) 前問 (1) で抽出した課題のうち最も重要と考える課題を1つ挙げ、これを最も重要とした理由を述べよ。その課題に対する複数の解決策を、専門技術用語を交えて示せ。
(3) 前問 (2) で示したすべての解決策を実行しても新たに生じうるリスクとそれへの対策について、専門技術を踏まえた考えを示せ。

《解答を考えるためのポイント》

この問題は、第6章の第2項で示した内容を把握していないと、問題が求めているポイントがうまく理解できないままに解答を作ってしまう可能性がある問題といえます。問題文では、「自動車などの軽量化のため」としか記載がなく、かつ、小設問 (1) で「具体的な製品やシステムを挙げて」という指示がないため、一般論での解答を求められています。そのため、受験者が業務で経験したことを想定して解答するのがよいと考えます。高張力鋼板や軽金属の塑性加工、熱可塑性CFRPの成形など新素材を採用する場合には、安全性と信頼性をどのように検討するのかが課題となります。そのもとになるのは、信頼できる新素材の強度データをどのように入手するかでしょう。従来使用した材料との比較検討を行い、軽量化のメリットを考える必要もあります。軽量化できたとしても、ライフサイクルでデメリットが発生しないようにすることも考えなくてはいけません。さらに設問の中では「異種材料の接合」技術についての記載があります。新素材単独での性能評価のみならず、これらの新素材を組み合わせて使用するケースで、その接合の仕方、接合部の強度、安全性と信頼性についても課題のひとつとして考える必要があります。

(b) 問題例2

○ 持続可能な社会の実現に向けて、より少ない資源とエネルギーで、かつ可能な限り廃棄を減らした循環型生産システムへの変革が強く求められている。二酸化炭素排出量実質ゼロを達成するには、新品の原材料である、いわゆるバージン材の使用量を最小にすることが必要であり、これまでの3R（リデュース、リユース、リサイクル）の取組を超えた、製品から回収した再生材料や再生部品を最大限活用する生産を想定することまで考えなければならない。このような状況を踏まえ、以下の問いに答えよ。　　　（令和4年度　加工・生産システム・産業機械Ⅲ－2）

(1) 生産技術者としての立場で多面的な観点から3つの課題を抽出し、それぞれの観点を明記したうえで、その課題の内容を示せ。

(2) 抽出した課題のうち最も重要と考える課題を1つ挙げ、その課題に対する複数の方策を、専門技術用語を交えて示せ。

(3) 前問（2）で示したすべての解決策を実行して生じる波及効果と専門技術を踏まえた懸案事項への対応策を示せ。

《解答を考えるためのポイント》

この問題は、機械設計の問題例2および材料強度・信頼性の問題例2と類似した内容になっています。そのため、これらの問題例で述べた内容を参照にしてください。ここでも、問題例1と同様に、小設問（1）で「具体的な製品やシステムを挙げて」という指示がないため、一般論での解答を求められています。そのため、受験者が業務で経験した一番得意とする機械装置やシステム、これらの部品などを想定して解答することをお勧めします。なお、答案の冒頭に「○×△を想定して以下に解答する」との前置きをしてもよいでしょう。3R＋Renewableを実行するため、想定した装置や部品が製品寿命を終えたのち、どのように再生して活用するのかを考えてその課題を述べることになりますが、3R全般に係わる課題を2つ、Renewableに係わる課題を1つとすることで、両方の課題を述べる必要があります。あるいは、俯瞰的な視点で、3R＋Renewableを推進する課題を3つ解答すれば、高い評価が得られます。

4．小設問で問われている事項

選択科目（Ⅲ）の小設問は、機械部門ではすべての選択科目で統一されていて、下記の3つの項目になっています。

（1）一番目の小設問

一番目の小設問では、問題として取り上げたその選択科目に関係している社会的な技術テーマに関して、「技術者としての立場で多面的な観点から課題を抽出し、その内容（理由）を観点とともに示せ。」という問いになっています。選択科目によって、多少の文章の相違はありますが、基本的には、①多面的な観点、②課題抽出、③内容（理由）を観点とともに示す、の3つの指示が出ている点は同じになっています。なお、これらを説明する前に、対象とする製品、システム、部品などを具体的な事例として記述を求めている問題もありますが、それは難しい内容ではありません。むしろ実際に受験者が業務で経験した製品、システム、部品を前提条件として記述できれば、その後の説明はしやすくなると考えます。ポイントは、上記の3点になります。

技術士試験で多面的という指示があること、また、解答する課題の数が3つと指示されていますので、3つの観点から記述すべき内容を検討して3つの課題を述べてください。これまでに出題された問題のテーマで考えると、下記のような観点があります。出題された問題のテーマを十分に検討してから、これらの中から3つの観点で検討するとよいでしょう。もちろんですが、「内容（理由）を観点とともに示す」ということを念頭にして、観点とその内容を組み合わせての検討が必要となります。

【多面的な観点】

経済性、安全性、信頼性、効率性、利便性、安定性、快適性、国際性、最適性、公益性、多様性、柔軟性、保守性、発展性、平等性、実現性、

地域性、確実性、操作性、強靭性、拡張性、将来性、持続性、迅速性、遵法性、耐環境性

この小設問で注意すべきことは、「問題と課題は異なるものである。真逆のものである。」ということを理解しないで、問題を課題として記述してしまうことです。「問題」とは、発生しているネガティブな事柄で、現状と目標に差（ギャップ）が発生しているという事実のことをいいます。「課題」とは、そのネガティブな事柄を解決するために行うことであり、ポジティブな表現で自分達の意志が入ったもので、現状と目標の差を埋めるためのアクションのことをいいます。また、技術（的）課題とは、技術的取組によって解決すべき課題のことをいいます。著者が添削指導した受験者の答案で、このことが理解できていない受験者を多く見てきました。「課題を述べよ」というこの小設問に対して、問題のみを述べているものが多くありました。

(2) 二番目の小設問

二番目の小設問では、「一番目の小設問で挙げた課題の中から最も重要と考える課題を挙げ、これを最も重要とした理由を述べ、その課題に対する複数の解決策を示せ。」という問いになっています。なお、「これを最も重要とした理由を述べ」がない問題もあります。そのような問題であっても、選択した理由を述べたほうが「最も重要な課題を挙げた」ということが試験委員に伝わりますので、述べるようにしてください。当然ですが、ここで選択する課題の決め方は、その後に記載すべき解決策を書けるネタがあるものにすることです。

ここで、複数の解決策と指示されていますので、3つ程度の解決策を記述する必要があります。なお、過去に出題された問題では、解決策の数が「2つ以上」あるいは「3つ」と指示されているものがありました。そのため、複数と指示された場合には、3つ程度が目安となります。

解決策を考えるうえで重要なことは、社会的利益や技術的優位性などの多様な視点からの調査・分析を行って、複合的な観点からの解決策であることです。要素技術の組み合わせによる解決策としてもよいですが、受験者の技術的な経験に基づいて、自分の意見として述べることが重要です。なお、挙げた解決策

は、以下の視点で再評価を行ってください。

① この解決策を実施すれば課題が解決するのか？

② 現時点で実現可能な技術なのか？ 例えば、「ABCのような技術が可能であれば、DEFができる。」というような、現時点では可能となっていない技術をベースにしたものは、解決策にはなりません。

(3) 三番目の小設問

三番目の小設問では、二番目に示した解決策に関する設問で、下記の3つのパターンがあります。

① 提案する解決策に共通して新たに生じうるリスク（懸念事項）とそれへの対策について専門技術を踏まえた考えを示せ。

② すべての解決策を実行して生じる波及効果と専門技術を踏まえた懸念事項への対応策を示せ。

③ (2) で示した解決策を実行することで最終的な結果に及ぼす影響を分析して解決策を1つに絞り込み、懸念される事項や残留リスクへの対応策を示せ。

ただし、令和元年度～令和5年度に出題された問題の設問では、そのほとんどが①あるいは②になっていて、③の小設問は1回のみとなっています。そのため、①あるいは②に対応できるように勉強しておけばよいと考えます。

三番目の小設問で問われているポイントは、リスクまたは懸念事項を記述することです。技術には100％の安全の保障がない以上、残る懸念事項やリスクに関してどういった意見を持っているのかを問う設問になります。ここで注意しなければいけないのは、小設問 (3) で述べる懸念事項やリスクが、小設問 (1) に記載した課題と同じ内容にならないことです。元の課題に戻ったら、何のために小設問 (2) で解決策を述べたのかが無意味になってしまいます。なお、その前に成果や波及効果を問われている設問では、波及効果を述べてから、その内容を分析してから懸念事項とその対応策を述べることになります。

(4) 小設問の記述配分

選択科目（Ⅲ）は3枚解答問題ですが、小設問が3つあってその内容を見ると、それぞれ1枚の答案用紙に解答するのに適当な内容の記述を求めています。設問が求めている技術テーマに対する知識がなければ、その小設問の記述量が少なくなるのは仕方がありません。

しかし、一番目の小設問では3つの観点からの課題を挙げて、観点とともに内容や理由を記述しますので、先に説明した150字法に適した分量であることがわかると思います。例えば、課題1つに対して、先に観点とその内容を150字程度で述べてから、「そのため、課題は……である。」と50字（解答用紙2行程度）で述べれば、1つの課題で200字程度となるため、小設問（1）は1枚で埋まります。そのため、1枚に記述するのはそれほどの苦労はないと思います。二番目の小設問についても同様に解決策を3つ示すので、これも150字法に適した分量といえます。さらに三番目の小設問では、リスクと対策、または成果や波及効果、懸念事項を記述することになり、加えて受験者の意見も示さなければなりませんので、記述量的にはこれも150字法が活用できる小設問だといえます。しかも、選択科目（Ⅲ）は受験者があらかじめ決めた選択科目であり、専門事項に近い内容の問題ですので、項目立てさえしっかりできれば、記述量的には解答に苦労する問題とはいえません。

5. 選択科目（Ⅲ）問題の対策

選択科目（Ⅲ）の問題の展開は、小設問（1）で問題のテーマとして示した事項に関して、多面的な観点から3つの課題を提示させることから始まります。その際にこれまでの章で示した内容を参考に、多面的な課題抽出ができるかが得点を決めます。もちろん課題には、一般的な観点である、経済性、安全性、効率性などの観点からの課題抽出も含まれます。それができたら、小設問（2）でそのうちで最も重要と考える課題を選択するのですが、ここで受験者の技術者として経験の深さが試されると考える必要があります。それは、続く小設問（3）で中心となる、「新たに生じうるリスク」や「波及効果と懸念事項」が何かをすでに考えて選択をしているかが得点に大きく影響するからです。

もちろん、小設問（2）で示す課題の解決策3つを何にするかが評価されるのですが、それは小設問（3）へ続くプロムナード的な記述と考えるべきです。そして、最後の勝負となる小設問（3）においても、リスクや懸念事項という項目の記述段階で、再び本著の各章で示した知識が活かされると思います。

選択科目（Ⅲ）で問われる内容は、技術士としての見識を問う問題です。見識とは、広辞苑第七版では「物事の本質を見通す、すぐれた判断力」と説明されています。そのような力をつけるためには、事前の調査が欠かせません。次に求められる問題解決能力ですが、問題提示能力とそれをどのように解決していくのかが問われます。機械部門の各選択科目における現在の社会的あるいは技術的な問題がどのようなものであるかを認識しているのか否かを試されています。自分で示した課題に対してどのような解決策があるのか、広い視野で説明する能力の有無を試していると考えてよいでしょう。それはコンサルタント業務における説明手順と同じで、一般に考える解決策を広い視野で説明してから、その中から自分の意見を選択して示すという流れです。

課題遂行能力とは、問題解決のために内在する壁（課題）をどうやって打ち砕くかという工夫を示すことです。誰でもが考えることだけでは解答としては不十分で、自分の経験に基づいての課題を突破する実現可能な策を示す必要があります。

解答が合格点以上の内容になるかは、示された問題のテーマの把握の仕方に大きな影響を及ぼされるのは当然です。この問題は、自分が選択した選択科目に関する問題ですので、当然、実際に業務で感じていたことや将来の展開などに普段から興味を持っていたかどうかが、記述する内容の深さに大きな影響を及ぼすのも当然です。そういった点で、本著を読んだ後に、自分の仕事の振り返りや業界がおかれている状況を、本試験前に再度検証してみる姿勢が必要です。

(1) なぜこの問題が出題されたのかを理解する

答案を書き出す前に大切なことは、なぜ、この問題が出題されたのか、再度考えて解答のポイントを認識することです。受験者によくある失敗は、書けることを書いて答案用紙の記述量を埋めようとすることが優先して、試験委員が求めている解答内容を見失ってしまう場合があります。問題が求めていることに対応した試験委員が期待する解答を書くためには、項目立てをすることが重要となります。どのように課題を書くのか、解決策ではどういった複数の案を示すのかは、問題に書かれた試験委員の意図を再度認識するところから始めなくてはなりません。それを問題用紙の余白に書いてみて、項目立てをした時点で再度問題文と照らし合わせて、問題の意図に見合っていることを再確認することが大切です。一度答案を書き出してしまうと後戻りはできなくなり、結果として問題の意図とは違った解答になっている答案の例を多く見てきました。そのような結果にならないように、問題用紙の余白に項目立てを書き出して、問題の内容と照らし合わせる作業ステップは不可決です。

(2) 期待されている解答を考える

選択科目（Ⅲ）で求めている解答の内容は、「選択科目」についての問題解決能力と課題遂行能力ですので、解答はそれを満たしていなければなりません。もちろんそれだけでは不十分で、選択科目の内容的な深さで試験委員を満足させなくてはなりません。それでは、それを実現するためにどういった解答手順を踏まなければならないかを説明します。

まず、出題された問題のテーマに対して、現在の社会状況や技術動向を的確に把握している必要があります。選択科目（Ⅲ）は、自分の専門事項を含んだ技術項目に関する設問ですので、内容的にはある程度知識を持っている事項ですが、その事項に対する見識の深さは項目によってまちまちといえます。過去に経験や考察したことがある内容であれば問題ないのですが、そうでない場合には、偏った理解や意見に基づいて解答を書き進めるのは得策ではありません。知っている内容をもとにすると同時に、反対の意見がないのかは書き出す前に検証しておく必要があります。それによって、解答の内容に幅が出てくるはずです。そういった視点で、解答する項目を整理してから書き始めることが大切です。

そのうえで、課題の提示がされなければなりませんが、それは受験する選択科目の視点だけでなく、社会または技術の方向性を含めたものである必要があります。さらに、それらの課題を解決するための複数の案を提言しなければなりません。そのような広い視点で複数の解決策を提示し、それらの長所と短所を客観的に検証します。

複数の解決策を提示したら、その解決策がもたらす効果を検討します。また、解決策に含まれるリスクや懸案事項を検討しますが、自分の意見を表明してその理由について明確な説明を行います。

以上をフローで表見すると、図表4.7のようになります。

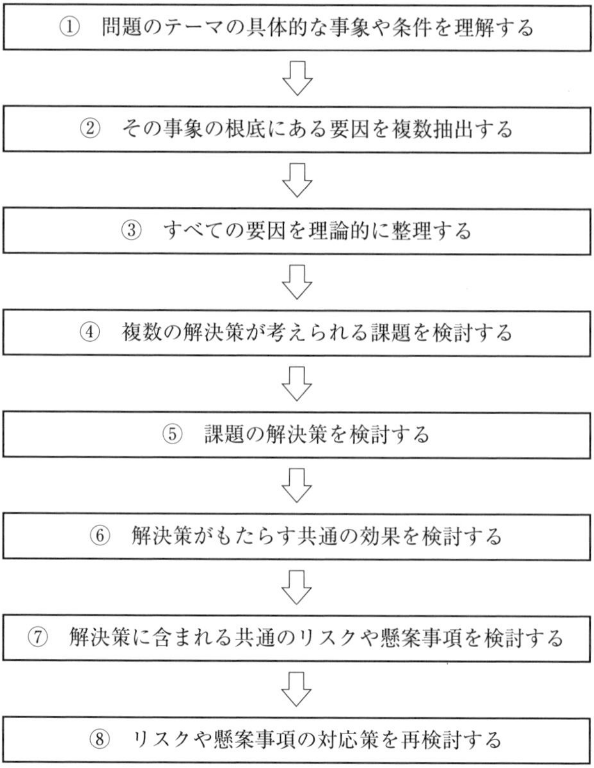

① 問題のテーマの具体的な事象や条件を理解する
⇩
② その事象の根底にある要因を複数抽出する
⇩
③ すべての要因を理論的に整理する
⇩
④ 複数の解決策が考えられる課題を検討する
⇩
⑤ 課題の解決策を検討する
⇩
⑥ 解決策がもたらす共通の効果を検討する
⇩
⑦ 解決策に含まれる共通のリスクや懸案事項を検討する
⇩
⑧ リスクや懸案事項の対応策を再検討する

図表4.7　見識表現のフロー

(3) 時代および将来を読む

選択科目（Ⅲ）の解答フローは図表4.7に示したとおりで、このステップのどれが抜けても試験委員が期待する解答にならないので評価は下がります。しかし、何と言っても注目されている項目は、⑥と⑦です。自分の意見が試験委員に評価されるかどうかは、今の時代の潮流を受験者がどれだけ理解しているか、また将来の方向性についてどういった見識を持っているかによります。それらを適切に示せるかどうかは、技術的な視点だけでなく、社会的な視点をどれだけ持っているかによります。現在の社会や技術分野における問題点やトピックスについての問題が出題されている選択科目（Ⅲ）ですので、現状の社会情勢を理解して、それに基づいた考察ができていなければ、十分な評価は得られません。そこまでは、意識を持って新聞や雑誌に目を通していれば、ある程度の記述はできます。しかし、問題はそのような時代評論を求めているのではなく、現状から想定される将来像としての意見を述べる必要があります。もちろんですが、できもしない将来像として示すわけではなく、リスクや懸案事項という形で示してから、その対策として今後の展望を示すことになります。

それができるためには、多くの人の意見に耳を傾けておくことが必要ですし、他人の意見に対しては何でも鵜呑みにせず、「なぜ？」という気持ちを持ち続ける気構えが必要になります。また、見たり聞いたりした技術的な意見に対しては、よく調べてから自分の意見をまとめておくことも必要でしょう。そういった繰り返しを行うと、自分の意見がだんだんに固まってきますし、その結論に対して自信が持てるようになってきます。このような積み重ねを行うことで、試験委員に評価されるレベルの選択科目（Ⅲ）の解答が書けるようになります。

そのため、選択科目（Ⅱ）とは違って、深く考えて自分の意見を固める事前作業が必要であるという点は、強く認識しなければなりません。短期間に集中して準備ができるという試験科目ではありませんので、それを十分に理解して早い時期から確実に準備をしてください。

(4) 試験当日の時間配分を考える

選択科目（Ⅱ）と（Ⅲ）は、午後同時に実施されて答案用紙6枚を3時間30分で書き上げなければなりません。そこで、時間配分をどのようにするのかを考えておく必要があります。実際には、問題を読んで解答する問題を選択、問題の背景を考えての検討、項目立て、答案用紙の書きおろし、解答の見直しと修正がありますので、それをどのような時間で実施するのかを検討することになります。なお、「受験番号、部門、科目、専門とする事項」は、試験開始直前に試験監督員の指示により答案用紙に書き込むことになります。書き忘れると「失格」で採点対象外になりますので、必ず記載してください。

図表4. 8にこれらの作業を所定時間に納めるためのタイムスケジュールの一例を示しますので、参考にしてください。図表中の(3)構想は、問題の背景を考えての検討と項目立てを実施することです。

図表4．8　答案作成のタイムスケジュール例

試験科目	選択科目		
問題番号	Ⅱ－1	Ⅱ－2	Ⅲ
答案用紙	1枚	2枚	3枚
試験時間	210分（3時間30分）		
(1) 問題読む	1分	2分	2分
(2) 問題選択	1分	2分	3分
(3) 構想	4分	15分	30分
(4) 書きおろし	25分（25分×1枚）	50分（25分×2枚）	75分（25分×3枚）

この表から、試験当日には、何をおいても600字詰答案用紙1枚を25分程度で書き上げる必要があることになります。この25分という時間は決して熟達者でなければできない目標ではありません。何回か練習すれば、誰でもできるようになります。著者が受験指導した方々も最初はできませんでしたが、何回か練習した結果、全員25分以内で書けるようになりました。そのためには、実際の答案用紙を用いての書きおろし練習は必須事項と考えます。

第5章
必須科目（Ⅰ）問題の対処法

必須科目（Ⅰ）は、「技術部門」全体を対象とした、「専門知識、応用能力、問題解決能力及び課題遂行能力」を試す試験となっていますが、主に「問題解決能力及び課題遂行能力」が求められる試験となっています。そのため、選択科目（Ⅲ）と同様に、見識問題といえます。過去にも必須科目（Ⅰ）で見識問題が出題されていましたが、令和元年度試験からは概念と出題内容、評価項目が公表されましたので、出題されるポイントが変わっています。「技術部門」共通に出題される問題ですので、機械部門の受験者全員が関係するようなテーマを取り扱う必要がある点を考慮すると、「機械部門」におけるトピックス、技術動向や社会的な話題などの問題に興味を持って事前に準備をしておけば、十分に対応できると考えます。ただし、技術コンサルタントとしての意見を述べる問題が出題されますので、事前に様々な話題に関して、自分の意見を整理しておく必要があります。また、「機械部門」の受験者全員が解答できるような内容を取り上げていますので、問題文があいまいな形になっている場合があります。そのため、出題された問題の趣旨を正確に読解しないと、的外れの答案になってしまいますので、問題文の読解は慎重に行う必要があります。試験時間はその点が考慮されていて、選択科目の試験時間に比べて長く設定されています。

1. 必須科目（Ⅰ）問題の目的

必須科目（Ⅰ）の出題内容は、『「技術部門」全般にわたる専門知識、応用能力、問題解決能力及び課題遂行能力に関するもの』を試す問題とされていて、出題概念として、「専門知識」、「応用能力」、「問題解決能力及び課題遂行能力」の3つに分けて説明されています。

まず、「専門知識」については、「専門の技術分野の業務に必要で幅広く適用される原理等に関わる汎用的な専門知識」とされており、選択科目（Ⅱ）の専門知識問題に関する説明文の『「選択科目」における』という部分が削除されている以外は同じ内容になっています。必須科目（Ⅰ）は、前提条件として、『「技術部門」全般にわたる』となっていますので、『「技術部門」全般にわたる専門の技術分野の業務に必要で幅広く適用される原理等に関わる汎用的な専門知識』を問う問題が出題されると考える必要があります。

次に、「応用能力」については、「これまでに習得した知識や経験に基づき、与えられた条件に合わせて、問題や課題を正しく認識し、必要な分析を行い、業務遂行手順や業務上留意すべき点、工夫を要する点等について説明できる能力」となっていて、選択科目（Ⅱ）の応用能力問題と全く同じ内容が示されています。

最後に、「問題解決能力及び課題遂行能力」については、「社会的なニーズや技術の進歩に伴い、社会や技術における様々な状況から、複合的な問題や課題を把握し、社会的利益や技術的優位性などの多様な視点からの調査・分析を経て、問題解決のための課題とその遂行について論理的かつ合理的に説明できる能力」とされています。「複合的な問題や課題」と「多様な視点からの調査・分析」というキーワードは、選択科目（Ⅲ）と同じになっています。

出題内容については、『現代社会が抱えている様々な問題について、「技術部門」全般に関わる基礎的なエンジニアリング問題としての観点から、多面的に課題を抽出して、その解決方法を提示し遂行していくための提案を問う。』とされていて、選択科目（Ⅲ）の『社会的なニーズや技術の進歩に伴う様々な状況において生じているエンジニアリング問題を対象として、「選択科目」に関わる観点から課題の抽出を行い、多様な視点からの分析によって問題解決のための手法を提示して、その遂行方策について提示できるかを問う。』と比べると、現代社会の負の側面を重視した問題が出題され、そこに潜む課題を多面的に示させるという点が強調されているのがわかります。

評価項目は、「技術士に求められる資質能力（コンピテンシー）のうち、専門的学識、問題解決、評価、技術者倫理、コミュニケーションの各項目」とされており、選択科目（Ⅲ）の評価項目に、『技術者倫理』が追加されています。

必須科目（Ⅰ）で取り上げられるテーマは、技術部門全般に関係するような大括りのテーマですので、受験者の選択科目に特化したような技術的な詳細な内容を解答してしまうと、評価が得られなくなります。簡単に言えば、選択科目（Ⅲ）の答案内容は選択科目に特化した詳細内容を深く掘り下げて記載するが、必須科目（Ⅰ）の答案では機械部門全体に適用される技術内容を広い視野で考えて記載する、ということになります。

必須科目（Ⅰ）の解答文字数は、600字詰解答用紙3枚ですので1,800字になります。2問出題された中から1問を選択して解答する問題形式です。試験時間はこの1問のみで2時間あるので、事前に問題の趣旨を考えてから解答できる余裕はあると思います。

2. 必須科目（Ⅰ）問題のテーマ

必須科目（Ⅰ）では、過去にどのようなテーマの問題が出題されたのかを知っておくことは重要です。令和元年度の試験制度の改正後に出題された必須科目（Ⅰ）の問題は、10問題しかありません。それを図表5. 1に整理してみました。

図表5. 1　機械部門の必須科目（Ⅰ）出題問題のテーマ

試験年度	Ⅰ−1の課題	Ⅰ−2の課題
令和5年度	エネルギーの入手・確保・輸送・備蓄・転換・利用を検討してエネルギー自給率を上げるための課題	社会インフラ関連機器・設備の故障や破損に起因して公衆に影響を及ぼす重大事故発生直後からの取組課題
令和4年度	地球上で使用する機械を火星環境で使用するための実現可能性調査の課題	現場・現物・現実の三現主義のメリットを活かせるテレワークを実現する課題
令和3年度	デジタルトランスフォーメーション（DX）を推進する機械技術全般の課題	故障・破壊から公共への影響を及ぼさないように考慮した機械製品・設備の設計課題
令和2年度	少子高齢化による労働力人口が大幅に減少する中でのものづくりにおける技術伝承	省エネルギー社会の実現への機械技術全体にわたる取組むべき技術課題
令和元年度	国際競争力を高めるため、組み合わせを中心とした機械製品のものづくりの手法	SDGs（持続可能な開発目標）を考慮した持続可能な社会実現のための機械機器・装置のものづくり

このように、図表5. 1に示した内容は、機械部門特有の事象を扱った問題と、社会的に話題となっている事象を扱った問題があります。また、これらの内容は、初めて見るものではないと思いますので、事前に勉強しておけば試験会場でとまどうことはなくなりますし、出題された問題が想定範囲内のものとして感じられるようになります。

なお、過去に出題された問題の項目から見えてくる重要と思われるキーワードを図表5. 2のように分類してみました。これらのキーワードは、令和元年度の試験改正前に必須科目が記述式であったときにも出題されたテーマも入っています。そのため、これらのキーワードに関連した問題が、今後の試験問題にも取り上げられる可能性はあります。

そのため、次の第6章では、これらのテーマに関係する基礎知識を紹介しています。

図表5. 2　重要なキーワード

大項目	中項目
技術開発	総合化技術、最適化技術、自動運転技術、人工知能（AI）、IoT、新エネルギー、新素材・複合材料、新型蓄電池、介護ロボット、水素利用技術、国際競争力、国際標準化、など
環境	地球温暖化、環境負荷、環境安全、廃棄物処理、リサイクル、持続的発展、生活環境、など
エネルギー・資源	自然エネルギー、石化燃料、省エネルギー技術、エネルギー開発、資源開発、省資源、水資源、エネルギー自給率、など
安全・品質	地震・台風対策、安全性、リスクマネジメント、トラブル再発防止、信頼性、PDCAサイクル、など
情報・IT	情報公開、情報ネットワーク化、スーパーコンピュータ、情報セキュリティ、知識ベース、生体認証、デジタルトランスフォーメーション、など
社会情勢	SDGs、少子高齢化、人口減少、団塊世代問題、理科離れ、食糧問題、地域格差、社会資本、インフラ老朽化、技術伝承、説明責任、海外生産、テレワーク、など

3. 具体的な問題とポイントアドバイス

今までの説明のみでは勉強すべき事項のイメージがわいてこないと思いますので、具体的に過去に出題された問題をテーマごとにいくつか示しますので、多面的な観点から、問題のポイントを考えてみてください。

(1) 持続可能な開発目標（SDGs）をテーマにした問題

○　持続可能な社会実現に近年多くの関心が寄せられている。例えば、2015年に開催された国連サミットにおいては、2030年までの国際目標SDGs（持続可能な開発目標）が提唱されている。このような社会の状況を考慮して、以下の問いに答えよ。　（令和元年度Ⅰ－2）

(1) 持続可能な社会実現のための機械機器・装置のものづくりに向けて、あなたの専門分野だけでなく機械技術全体を総括する立場で、多面的な観点から複数の課題を抽出し分析せよ。

(2) 抽出した課題のうち最も重要と考える課題を1つ挙げ、その課題に対する解決策を具体的に3つ示せ。

(3) 解決策に共通して新たに生じるリスクとそれへの対策について述べよ。

(4) 業務遂行において必要な要件を機械技術者としての倫理の観点から述べよ。

《解答を考えるためのポイント》

この問題は、第6章で示した内容を把握していないと、問題が求めているポイントがうまく把握できないままに解答を作ってしまう可能性がある問題といえます。SDGsでは、206ページの図表6. 1に示す17の目標が示されています。また、214ページの図表6. 2に「SDGsの優先課題と具体的施策」を示しています。この表から、機械部門で関係しそうな具体的な施策を挙げると、生産性向上、科学技術イノベーション、国土強靭化の推進・防災、質の高いインフラ投資の推進、省・再生可能エネルギーの導入・国際展開の推進、気候変動対策、循環型社会の構築、が考えられます。これらの課題については、最近の動向を調査しておく必要があります。なお、問題文には「あなたの専門分野だけでなく機械技術全体を総括する立場」との記載がありますので、機械技術全体に関連するようなテーマで課題を挙げる必要があります。SDGsは、今後も小設問を変えて出題される可能性がある項目だと考えます。

(2) エネルギーをテーマにした問題

(a) エネルギー自給率

○ 2019年度の日本の一次エネルギーの約8割は化石燃料に依存しており、エネルギー自給率は12%程度である。化石燃料への依存を低くすることでカーボンニュートラルの実現にも貢献することができ、更にはエネルギー安全保障の観点においても、エネルギー自給率を高めることは最重要課題の1つと考えられる。そしてエネルギーの自給率を今後高めていくためには、輸入化石燃料への依存率を現在よりも低くし、下図の資源エネルギー庁から提案されているようなエネルギーミックスを検討することも1つの案と考えられる。

そこで、地球環境を考えつつ日本の経済活動を今後持続していくためには、エネルギーの入手・確保・輸送・備蓄・転換・利用について検討していくことが必要と考えられる。このような日本を取り巻くエネルギー環境を踏まえたうえで、以下の問いに答えよ。（令和5年度Ⅰ－1）

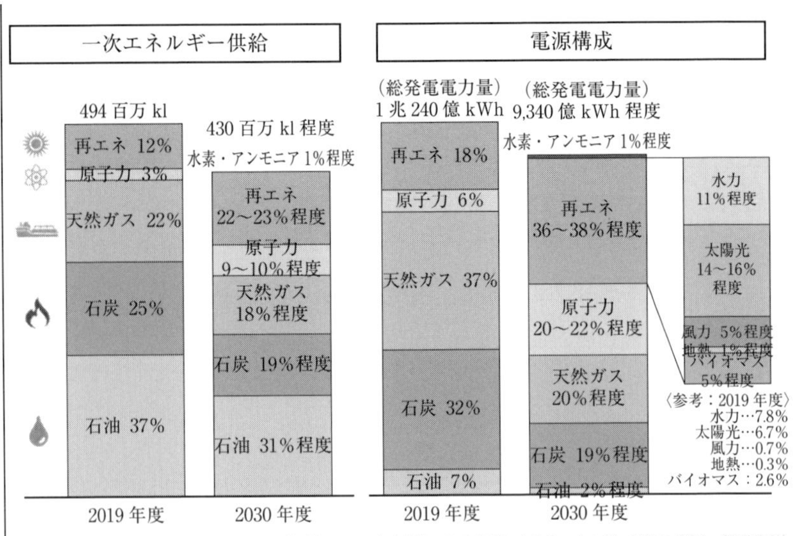

出典：資源エネルギー庁「総合エネルギー統計」の2019年確報値、2030年度におけるエネルギー需給の見通し（関連資料）

(1) 今後日本におけるエネルギー自給率を上げるため、技術者の立場から考えた場合にどのような課題が考えられるか、多面的な観点から3つ抽出し、それぞれの観点を明確にしたうえで、それぞれの課題内容を示せ。

(2) 前問（1）で抽出した課題のうち重要と考える課題を1つ挙げ、その課題に対する解決策を機械技術者として3つ示せ。

(3) 前問（2）で示したすべての解決策を実行した結果、得られる成果とその波及効果を分析し、更に新たに生じる懸念事項への機械技術者としての対応策について述べよ。

(4) 前問（1）～（3）の業務遂行に当たり、技術者としての倫理、社会の持続可能性の観点から必要となる要件・留意点について題意に即して述べよ。

《解答を考えるためのポイント》

電源のベストミックスについての議論では、問題文の図表のようになっていますが、安全審査に合格した原子力発電所が稼働できていない状況から考えると、原子力の目標の現実性が疑問視されています。そのため、原子力発電所を稼働するための安全性をどのように検証・評価していくのかが課題として挙げられます。

なお、第六次エネルギー基本計画では、各部門における対応を示していますが、その詳細については第6章の第3節「エネルギー」で説明していますので、その内容を参照してください。これらを参考にしてエネルギー自給率を向上する課題が浮かんでくると考えます。

一方、水素・アンモニアの活用とし、安価な水素を長期的に、安定的かつ大量に供給するために、海外で製造された安価な水素の活用を図るため、2030年までに国際水素サプライチェーンと余剰再エネ等を活用した水電解装置による水素製造の商用化を目指すとしています。水素は燃料電池自動車の燃料として使われるだけではなく、タービンを用いた水素発電にも使われるようになるとしています。また、水素を使ってアンモニアを製造して、そのアンモニアを火力発電で混焼し、発電燃料として使う方法も有力とされています。

以上のことを参考にして、機械技術者として今までの業務経験からどのようにすべきかを自分の意見として述べることが、良い答案となります。

(b) 省エネルギー

○ 2018年7月に発表されたエネルギー基本計画の中では、2030年に向けた政策対応の1つとして、「徹底した省エネルギー社会の実現」が取り上げられており、業務・家庭部門における省エネルギーの強化、運輸部門における多様な省エネルギー対策の推進、産業部門等における省エネルギーの加速、について記述されている。我が国のエネルギー消費効率は1970年代の石油危機以降、官民の努力により4割改善し、世界的にも最高水準にある。石油危機を契機として1979年に制定された「エネルギーの使用の合理化等に関する法律（省エネ法）」では、各部門においてエネルギーの使用が多い事業者に対し、毎年度、省エネルギー対策の取組状況やエネルギー消費効率の改善状況を政府に報告することを義務付けるなど、省エネルギーの取組を促す枠組みを構築してきた。また、2013

年に省エネ法が改正され、2014年4月から需要サイドにおける電力需要の平準化に資する取組を省エネルギーの評価において勘案する措置が講じられるようになった。このような社会の状況を考慮して、以下の問いに答えよ。
（令和2年度Ⅰ－2）

(1) 徹底した省エネルギー社会の実現に向けて、あなたの専門分野だけでなく機械技術全体にわたる多面的な観点から、業務・家庭、運輸、産業のうち、2つの部門を選んで今後取組むべき技術課題を抽出し、その内容を観点とともに示せ。

(2) 抽出した課題のうち最も重要と考える課題を1つ挙げ、その課題に対する複数の解決策を示せ。

(3) 上記すべての解決策を実行した上で生じる波及効果と専門技術を踏まえた懸念事項への対応策を示せ。

(4) 業務遂行において必要な要件を機械技術者としての倫理、社会の持続可能性の観点から述べよ。

《解答を考えるためのポイント》

日本のエネルギー状況は、東日本大震災で発生した原子力発電所の事故から大きな転機を迎えました。2021年10月には新しい「第6次エネルギー基本計画」が閣議決定されて発表されました。その詳細は、第6章の第3節「エネルギー」で説明していますので、その内容を参照してください。問題文にある業務・家庭の民生部門、運輸部門と産業部門の対応については、第六次エネルギー基本計画で各部門の内容を示していますので、特に注意して確認しておいてください。また、エネルギー政策の基本的視点についても確認しておいてください。そのような基本的な知識を知らないと、問題が求めているポイントがうまく把握できないままに解答を作ってしまう可能性がある問題といえます。

一方、省エネルギーについては、エネルギー資源が少ない我が国においては重要な政策であり、様々な分野で省エネルギー化が図られています。最近では、二酸化炭素の排出量削減のためにも、設備側からの省エネルギー化は欠かせません。機械設備では、多くの動力が必要となっていますので、まずは自分の専門分野におけるものづくりで必要な設備での省エネルギー化を考えることが重要です。一例として以下の項目を挙げておきますので、受験者の業務経歴や普段の生活の中で使用している機械・器具などから推測して、自分なりの意見を整理しておくことが大切です。

・高効率機器の導入：ヒートポンプ、コージェネレーション、インバータ制御、LED照明など

・使用時間制限：待機電力削減、センサ技術、監視制御システムなど

・その他：3R、コンパクト化、断熱材・断熱技術、エネルギー回収、動力回生システム、低温回収システム、熱回収、循環型社会、リサイクル率向上、再利用技術、長寿命化など。

(3) 安全をテーマにした問題

(a) その1

○　現代では社会や人々の生活に多くの機械製品・設備が深く浸透している。そしてそれらが何らかの要因により故障・破壊すると、その影響が拡大し、社会や人々の生活に甚大な被害をもたらすこともあり得る状況である。したがって、今後の新たな機械製品・設備の設計開発に際しては、公益の確保の観点からも、機械製品・設備の持つ公共への影響を充分考慮して設計しなければならない。このような状況を踏まえ、以下の問いに答えよ。　(令和3年度Ⅰ－2)

(1) 故障・破壊により社会や環境に広範な影響を及ぼすような機械製品・設備を設計する場合、それらの持つ公共への影響を考慮すると、どのような課題を考えておかなければならないか、技術者の立場で機械技術全般に関する多面的な観点から課題を3つ抽出し、それぞれの観点を明記したうえで、課題の内容を示せ。

(2) 抽出した課題のうち最も重要と考える課題を1つ挙げ、その課題に対する機械技術者としての解決策を3つ示せ。

(3) 提案した解決策をすべて実行した結果、得られる成果とその波及効果を分析し、新たに生じる懸念事項への機械技術者としての対応策に

ついて述べよ。
(4) 前問 (2) ～ (3) の業務遂行に当たり、機械技術者としての倫理、社会の持続可能性の観点から必要となる要件・留意点について述べよ。

《解答を考えるためのポイント》

機械製品・設備が故障・破壊しないようにするためには、安全に使用できるものを設計・製作することが重要です。安全に対する対策は、機械部門の技術者であれば、常に考えていなければならない設計条件といえます。機械分野の安全に関しては、ISO 12100という機械類の安全性を確保するための国際標準規格があり、ISO 12100では用語を定義していますが、その詳細は第6章の第4節「安全確保」に記載しましたので、それを参照してください。

また、機械製品・設備がライフサイクルにわたって安全に使用できるように設計するための手法としては、信頼性設計があります。信頼性設計とは、装置やシステムまたはそれらを構成する要素や部品が使用開始から設計寿命までのライフサイクル期間を通して、ユーザーが要求する機能を満足するために、故障や性能の劣化が発生しないように考慮して設計する手法です。信頼性設計の目指すところは、製品のライフサイクルで以下の項目に対応することです。

①故障が発生しないようにする
②故障が発生しても機能が維持できるようにする
③故障が発生してもただちに補修できるようにする

信頼性設計には、フェイルセーフ設計、フールプルーフ設計、冗長性設計があります。また、手法としては、FMEA、FTA、信頼度予測、設計審査などがあります。

一方で、機械製品・設備の老朽化に伴う故障・破壊から公共の安全を図る対策も考慮しなければなりません。老朽化に伴い、機械設備の安全性を確保するために維持管理手法や改修対策も必要となります。場合により、シミュレーション技術や余寿命評価も取り入れて検討することが課題となります。

(b) その2

○ 社会インフラに関連する機器・設備では、ひとたび事故が発生して稼働が停止すると、その影響は事業所内に留まらず、我々の社会生活にまで及ぶ恐れがある。その際、公益が毀損されるだけでなく、直接的若しくは間接的に公衆の安全が損なわれることも想定される。そのため、事故発生直後から稼働再開に至る各局面で、迅速かつ適切な対応が求められる。

上記の状況を踏まえて、以下の問いに答えよ。　(令和5年度Ⅰ－2)

(1) 社会インフラに関連する機器・設備において、故障や破損などに起因して公衆に影響を及ぼす重大な事故が発生した際の事故発生直後からの取組について、当該機器・設備の運用・管理を統括する技術者としての立場で、多面的な観点から3つの課題を抽出し、それぞれの観点を明記したうえで、その課題の内容を示せ。

(2) 前問 (1) で抽出した課題のうち最も重要と考える課題を1つ挙げ、その理由を述べよ。その課題に対する複数の解決策を、機械技術者として示せ。

(3) 前問 (2) で示したすべての解決策を実行しても残存しうる若しくは新たに生じうるリスクとそれへの対策について、専門技術を踏まえた考えを示せ。

(4) 前問 (1) ～ (3) の業務遂行に当たり、技術者としての倫理、社会の持続可能性の観点から必要となる要件・留意点を題意に即して述べよ。

《解答を考えるためのポイント》

この問題は、令和3年度の問題Ⅰ－2に類似した内容になっていますが、令和3年度は「故障・破壊による公共への影響を与えないように設計することが課題」であったのに対して、令和5年度は「故障や破損が発生した直後からの取組の課題」であることです。

具体的には、発生した故障・事故の内容を正確に把握する手法、そのための情報収集の構築、集まってきた情報の分析、評価機能などが求められます。その結果により、対応策を専門家の意見を取り入れていくつかの方策を検討し、その対応策を再評価してから実施することになります。発生した事象によっては、判断が難しくなる場合もありますので、責任者のリーダーシップが非常に重要となります。

加えて二次的な災害が発生しないように応急対策を実施すること、対外的な情報公開をタイムリーに実施する必要がありますので、マネジメント能力が十分に発揮されるように対応することも課題となります。

事前に定めた危機管理マニュアルに規定されたルールや手順により実施することになりますが、そのとおりの実施が難しい場合には、状況に応じた柔軟な対応が求められます。

緊急事態が収束してからの事故の復旧は、できる限り短時間で元の状況に復帰させる必要があります。そのためには、復旧対策についてもマニュアル化しておくことが重要になります。特に重要なことは、再発防止対策の検討と早期の公表で、信頼回復の対応策も考えておく必要があります。

事業継続計画（BCP）には、大地震等の自然災害、大事故、サプライチェーンの途絶など、不測の事態が発生しても、重要な事業を中断させない、または中断しても可能な限り短時間で復旧させるための方針、体制、手順等を示しているので、このような故障・事故が発生した際にも参考になるものと考えます。

以上のことを考慮すると、具体的な課題は以下のようになると考えます。これらの中から受験者の実務に関連して対応策まで深掘りできるものを3つ選択すればよいと考えます。

- 故障・事故の発生直後：故障・事故の内容を正確に情報収集すること、情報を分析・評価して原因究明をすること、二次災害を防止する緊急補修を実施すること、情報公開をタイムリーに実施すること、などが課題となります。
- 故障・事故の復旧段階：恒久対策の実施、再発防止策の作成、危機管理マニュアルの見直し、などが課題となります。

(4) 少子高齢化をテーマにした問題

○ 我が国において、短期的には労働力人口は著しく低下しないと考えられているものの、女性や高齢者の労働参加率の向上もいずれ頭打ちになり、長期的には少子高齢化によって労働力人口が大幅に減少すると考えられる。一方で、「ものづくり」から「コトづくり」への変革に合わせた雇用の柔軟化・流動化の促進、一億総活躍社会の実現といった働き方の見直しが進められている。このような社会状況の中で、実際の設計・開発、製造・生産、保守・メンテナンス現場におけるものづくりの技術伝承については、現場で実務を通して実施されている研修と座学研修・集合研修をいかに組み合わせるか等の、単なる方法論の議論だけでなく、より広い視点に立った大きな変革が求められている。このような社会状況を考慮して、機械技術者の立場から次の各問に答えよ。

(令和2年度Ⅰ－1)

(1) 今後のものづくりにおける技術伝承に関して、機械技術全般にわたる技術者としての立場で多面的な観点から課題を抽出し分析せよ。

(2) 抽出した課題のうち最も重要と考える課題を1つ挙げ、その課題に対する複数の解決策を示せ。

(3) 上記すべての解決策を実行した上で生じる波及効果と新たに生じる懸念事項への対応策を示せ。

(4) 業務遂行において必要な要件・留意点を機械技術者としての倫理、社会の持続可能性の観点から述べよ。

《解答を考えるためのポイント》

人口減少がもたらす技術分野への影響の1つとしては、技術継承の問題があります。長い経験に培われた技術を持った人たちが現役を引退していく中で、個人が保有している技術を次世代にどうやって継承していくかは、喫緊に考えなければならないテーマとなっており、残された時間は少なくなっています。技術継承問題によって起きている現象の例として、技術力不足による不具合の発生や、安全意識の喪失による事故の発生といった問題がすでに顕在化しています。そういった現実から、生産性や技術力の向上を図っていくために、新たな取組みが求められています。それに対して、文部科学省では2015年3月に「理工系人材育成戦略」を策定し、2020年度末までに集中して進めるべき3つの方向性と10の重点項目を公表しましたが、現状でどのように達成しているのかは公表されていないようです。産学官で連携して実施していくべき重要な課題であると考えますが、ものづくりの現場で着実に推進しているのでしょうか。

このような背景を考慮して、機械部門において、技術伝承と人材育成をどのように実施していくのか、具体的な対応策を検討しておく必要があります。

(5) ものづくりをテーマにした問題

○　我が国は、今後労働人口が減少する状況の下で、技術的な国際競争力を更に高めていく必要がある。このため、機械製品には高い性能と多くの機能が求められると同時に、ユーザーの使用条件に見合った製品仕様の多様化への対応などが必要となってくる。そこで、ものづくりの観点からこれを実現する1つの考え方として、従来の「擦り合わせ」を中心とした相互依存に基づく手法から、「組み合わせ」を中心とした構成要件の定義に基づく手法への転換が挙げられる。このような状況を踏まえて、以下の問いに答えよ。　　（令和元年度Ⅰ－1）

(1) 機械製品のものづくりの手法を上記の考え方に沿って転換する場合に必要な検討項目を、技術者としての立場で、多面的な観点から複数の課題を抽出し分析せよ。

(2) 抽出した課題のうち最も重要と考える課題を1つ挙げ、その課題に対する複数の解決策を示せ。

(3) 解決策に共通して新たに生じうるリスクとそれへの対策について述べよ。

(4) 業務遂行において必要な要件を技術者としての倫理、社会の持続可能性の観点から述べよ。

《解答を考えるためのポイント》

ものづくりにおける国際競争力を高めるには、価格競争力と非価格競争力の両方を高める必要があります。前者は、より低価格の製品を供給することであり、生産性の向上、安価な人件費や原料価格により価格競争力の強さが決定されます。技術者に求められるのは、後者の非価格競争力であり、製品の性能、品質、デザイン性、信頼性、市場への適合度、高度の技術水準、他国では製造できない特殊性、利用者の利便性が高いなどによる競争力です。

IoT、ビッグデータ、人工知能などを活用して、他国ではできない技術・サービス・システムを付加した製品を開発して、ものづくりを強化することが必要になります。あるいは、「多品種少量生産に対応できる」や「短納期に対応できる」ということも、ものづくりには必要な競争力につながります。

我が国は、少子高齢化、労働人口減少・人手不足などの問題を世界でもいち早く経験しています。それに対応する介護機器や、ロボット医療機器など「ロボットニーズ先進国」でもあります。「ニーズに応えたものづくり」という我が国の得意路線を進んでいけば、それがロボット技術の進化やロボットの普及をもたらすだけではなく、社会的課題そのものの改善につながり得ると考えます。また、製品のグローバル化により、国際的なものづくりの仕組みを考える必要がありますが、製品の国際競争力を向上させること、また、世界的に新しい機能を備えた製品を普及させていくためには、国際標準化戦略が欠かせません。

このような観点から、ものづくりの強化に向けて機械部門において取るべき対策を検討しておく必要があります。

(6) ITによるイノベーションをテーマにした問題

○　経済産業省が2018年12月に発表したデジタルトランスフォーメーション（DX）推進ガイドラインには、DXの定義として「企業がビジネス環境の激しい変化に対応し、データとデジタル技術を活用して、顧客や社会のニーズを基に、製品やサービス、ビジネスモデルを変革するとともに、業務そのものや、組織、プロセス、企業文化・風土を変革し、競争上の優位性を確立すること。」と謳われている。近年、米中貿易摩擦、英国のEU離脱、保護主義の高まり、さらには新型コロナウイルス感染症の影響を受けて、世界の不確実性が高まっている。このようなビジネス環境の激しい変化に企業が対応し競争力を維持していくためには、既存の枠組に捕らわれずに時代の先を読んで企業を変革していく能力が求められており、そのためのDXへの取組をどのように加速させていくかが我が国製造業の直近の課題となっている。　（令和3年度Ⅰ－1）

(1) このような時代の変革期の中でDXを推進していくに当たり、技術者の立場で機械技術全般に関する多面的な観点から3つの課題を抽出し、それぞれの観点を明記したうえで、課題の内容を示せ。

(2) 抽出した課題のうち最も重要と考える課題を1つ挙げ、その課題に対する機械技術者としての複数の解決策を示せ。

(3) 提案した解決策をすべて実行した結果、得られる成果とその波及効果を分析し、新たに生じる懸念事項への機械技術者としての対応策について述べよ。

(4) 前問（2）～（3）の業務遂行に当たり、機械技術者としての倫理、社会の持続可能性の観点から必要となる要件・留意点について述べよ。

《解答を考えるためのポイント》

2018年に経済産業省が公表したデジタルトランスフォーメーションを推進するためのガイドライン「DX推進ガイドライン（Ver. 1.0)」では、DXについて以下のように定義しています。

『企業がビジネス環境の激しい変化に対応し、データとデジタル技術を活用して、顧客や社会のニーズを基に、製品やサービス、ビジネスモデルを変革するとともに、業務そのものや、組織、プロセス、企業文化・風土を変革し、競争上の優位性を確立すること。』

デジタルトランスフォーメーション（DX）と混同されやすい言葉に「デジタイゼーション（Digitization）」や「デジタライゼーション（Digitalization）」があります。いずれも「デジタル化」に関連する用語ですが、DXとは意味が異なるため注意が必要です。例えば、デジタライゼーションとは、「デジタル技術を活用してビジネスプロセス自体を変革し、新たなビジネスモデルを生み出すこと」を指します。

DXに取り組むべき理由として、市場における競争力の強化が挙げられます。近年、世界中のあらゆる市場において、DX先行企業による既存ビジネスモデルの破壊と再構築が活発化しています。そして、これまで市場を牽引してきた企業であっても、先進的なデジタル技術を取り入れた新規参入企業にシェアを奪われてしまうケースも少なくありません。市場の急速な変化に柔軟に対応するためには、既存のビジネスモデルに固執せずDX推進に取り組み、市場における競争力の強化に努める必要があるでしょう。変化する消費者ニーズに対応するうえでも、DXの推進は欠かせません。

また、インターネットで情報を収集して商品やサービスを購入することが当たり前となった現在、商品・サービスを訴求するためにはよりパーソナライズされたアプローチが重要になってきています。こうした消費者のニーズや活動の変化を敏感に察知して対応するためには、データとIT技術を駆使したDXの推進に取り組むことが必要不可欠だと言えるでしょう。これまでの既存システムが老朽化・複雑化・ブラックボックス化する中では、新しいデジタル技術を導入したとしても、データの利用や連携が限定的であるため、その効果も限定的となってしまうといった問題があります。加えて、既存システムを放置した場合、今後ますます維持・保守コストが高騰する（技術的負債の増大）とともに、既存システムを維持し保守できる人材が枯渇し、セキュリティ上のリスクが高まる可能性があります。

一方で、DX推進での課題として最も多く挙がったのが、「適切な技術スキルの獲得」でした。スキルアップできない理由としては、「時間不足」

「トレーニングのための構造がない」「組織に知識がない」となっています。

以上のような基礎的知識を踏まえて、機械技術者として今までの業務経験からDXを推進する責任者にアサインされた場合に、どのようにすべきかを自分の意見として述べることが良い答案を作成できます。

(7) 研究・技術開発をテーマにした問題

○　人類が初めて月に降り立ってから半世紀が経過する今、人類の活動圏を拡げて持続的な人類活動に貢献する宇宙探査の活動が世界中の科学者や技術者によって行われている。その活動の中で、人類が住める可能性のある星として名前がよく挙がるのが火星であり、水、そして生命体の存在も期待されている。

このような状況において、地球上での使用を前提として製品化された機械を、下表に示す火星の環境で使用するための実現可能性調査を行うことになり、あなたがその総括担当者となった。　（令和4年度I－1）

(1) 機械製品を1つ想定して、その概要を簡潔に記したうえで、その機械製品を火星で使用する際の課題を多面的な観点から3つ以上抽出し、それぞれの観点を明記したうえで、課題の内容を示せ。

(2) 抽出した課題のうち最も重要と考える課題を1つ挙げ、それを挙げた理由と、その課題に対する機械技術者としての複数の解決策を示せ。

(3) 前問（2）で示したすべての解決策を実行した結果、得られる成果とその波及効果を分析し、新たに生じる懸念事項への機械技術者としての対応策について述べよ。

(4) 前問（1）～（3）の業務遂行に当たり、機械技術者としての倫理、社会の持続可能性の観点から必要となる要件・留意点について述べよ。

火星の環境データ

地球から火星までの距離	54.6～401.4×10^6 km
太陽から火星までの距離	206.650～249.261×10^6 km
赤道半径	3396.2 km
地表での重力	3.71 m/s^2
自転周期	24.6597 時間
地表での温度（Viking1 着地点）	184～242 K（平均 210 K）
地表での風速（Viking 着地点）	2～7 m/s（夏季）、5～10 m/s（秋季）、17～30 m/s（砂嵐）
大気圧	0.40～0.87 kPa
大気成分	二酸化炭素 95.1%　窒素 2.59%　アルゴン 1.94% 酸素 0.16%　一酸化炭素 0.06%　水蒸気 0.021%

出典 NASA、Mars Fact Sheet

《解答を考えるためのポイント》

設問（1）において「機械製品を1つ想定して」と記載されていて、この設問内容は令和3年度に試験制度が改正されてから初めて出た内容ですが、ある意味で受験者にとっては解答しやすい問題ではないかと推定します。その理由は、受験者の専門とする製品を選定できることですが、特に、機械製品の開発業務を実施している方は、実際に行っている業務で検討するべき課題とほぼ同じようなものとして推測できると考えます。

具体的には、新製品の開発をする場合、目的とする機械製品の性能を決めてから、使用環境に応じた設計仕様の決定、その仕様に従って基本設計・材料選定・詳細設計を実施、工場製作仕様と品質管理計画の策定、現地への輸送計画、稼働後のメンテナンス計画、故障時の対応策など、検討すべき課題があります。これを設問として与えられた火星環境に照らし合わせて考えれば、検討すべき課題は浮かびあがってくると予想できます。一例として、以下に記載しておきますが、3つ以上の課題となっていますので、これらの中から受験者の実務に関連して深掘りできるものを選択すればよいと考えます。

・地球から火星までの距離に関しては、想定する機械製品の輸送において一体型で組み立ててから輸送ができるのか、あるいは、分割して輸送するのか、分割する場合には火星での組み立てをどのようにして実施するのかが課題となる。

・地表での重力に関しては、重力加速度が地球の約１/３となるため、例えば、重力加速度に関連して性能を発揮するような機械製品（例えばフライホイール）は能力不足になる可能性がある。そのため、所定の能力が発揮できるか、検討することが課題である。

・地表での温度に関しては、平均210 Kは－63℃となるため、機械製品に使用されている材質により低温脆性が問題となる。そのため、使用する材用をどのようにするか検討することが課題となる。

・大気圧に関しては、重力加速度と同じように大気圧に関連して性能が作用されるような製品では性能不足になる可能性があるため、大気圧に関連した所定の能力が発揮できるか、検討することが課題となる。

以上のように、機械技術者として今までの業務経験からどのようにすべきかを自分の意見として述べることが、良い答案となります。

(8) 社会情勢をテーマにした問題

○　コロナウイルス感染症拡大防止のためテレワークの導入が急速に進められてきており、今後は単なるテレワークのためのツールや環境の開発・整備だけでなく、テレワーク自体の新たな形態への変革が進むと考えられている。一方、現在の機械製品の製造現場においては、実際に『現場』で『現物』をよく観察し、『現実』を認識したうえで業務を進める『三現主義』の考え方も重要と考えられている。特に、工場での製造業務や保守・メンテナンスを含む生産設備管理業務においては、機械稼働時の音や振動、潤滑油のニオイ等、人の感じる感覚的な情報を活用して業務に当たることが少なくない。このような状況を踏まえ、以下の問いに答えよ。（令和４年度Ⅰ－２）

(1) 生産・設備機械を監視・監督する保全技術者が三現主義のメリット

を活かせるようにテレワークを実現する場合、どのような課題が考えられるか、多面的な観点から3つ抽出し、それぞれの観点を明確にしたうえで、それぞれの課題内容を示せ。

(2) 抽出した課題のうち最も重要と考える課題を1つ挙げ、その課題に対する解決策を機械技術者として3つ示せ。

(3) 前問 (2) で示したすべての解決策を実行した結果、得られる成果とその波及効果を分析し、新たに生じる懸念事項への機械技術者としての対応策について述べよ。

(4) 前問 (1) ～ (3) の業務遂行に当たり、機械技術者としての倫理、社会の持続可能性の観点から必要となる要件・留意点について述べよ。

《解答を考えるためのポイント》

生産現場でテレワークがどのように実施されているのか、現場で対応されている方には実際に行っていることから課題は推定されると思いますが、生産現場以外の方は現在行っているテレワークの状況を踏まえて課題を挙げることになります。一般論で言えば、生産現場では製品の出荷までの工程として大きく分けるとすれば、素材の受け入れ検査・保管、部品の加工、部品の組み立て、試験・検査、出荷というような手順となります。また、全体を通して、工程・進捗管理と品質管理という項目が組み込まれます。これらの各作業工程について、どのようなテレワークの課題があるのかを検討することになりますが、受験者が専門とする機械製品を想定して考えるとわかりやすいと思います。具体的には、以下のような課題が挙げられると考えますが、これらの中から受験者の実務に関連して深掘りできるものを3つ選択すればよいと考えます。

・素材の受け入れ検査・保管に関しては、素材の受け入れ・保管状況は、リアルタイムでパソコンから検索可能にして、保管庫など関連する施設など、遠隔カメラで確認できるようにすることが課題である。

・部品の加工に関しては、部品加工の状況がリアルタイムでパソコンから検索可能になるように、また、部品加工の状況が遠隔カメラで確認できるようにすることが課題である。

・部品の組み立てに関しても、上記同様です。

・試験・検査に関しても、上記同様です。

また、工程・進捗管理と品質管理に関しても、同様に状況がリアルタイムでパソコンから検索可能となり、その状況が遠隔カメラで確認できるようにすることが課題です。

これらの各製造工程の課題に加えて、以下のような課題も挙げられますので、参考にしてください。

① コミュニケーションの課題：上記で述べた各工程で問題がある、あるいは現場でトラブルが発生した場合には、生産現場と迅速にコミュニケーションが取れるような体制を確立しておくことが必要である。

② 通信機器の課題：遠隔カメラなど、5G対応となれば大容量のデータを処理することになるため、生産現場とテレワーク担当者間の通信機器を整備しておくことが必要である。

③ 即断即決の課題：テレワークでは製品製作上のトラブルが発生した場合、関係者による現場で現物を見ながら即断即決で問題解決ができない。そのため、どのように即断即決して問題解決するのか、組織体制を確立しておくことが課題である。

4. 小設問で問われている事項

必須科目（I）の小設問は、すべての技術部門で統一化されていて、機械部門でも同様に下記の4つの項目になっています。

(1) 一番目の小設問

一番目の小設問では、問題として取り上げた機械部門に関係している社会的な技術テーマに関して、「技術者としての立場で多面的な観点から課題を抽出し分析せよ。」または、「技術者としての立場で多面的な観点から課題を抽出し、その内容を観点とともに示せ。」という問いになっています。問題によって、多少の文章の相違はありますが、基本的には、①多面的な観点、②課題抽出、③分析または観点とともに内容を示す、の3つの指示が出ている点では同じになっています。なお、立場として「機械部門の技術者」としている問題と、「技術者」としている問題がありますが、どちらにしても、受験する選択科目に限定せずに、より広い意味の機械部門の技術者として解答を求めている点を意識して考える必要があります。

なお、最近の設問では「多面的な観点から3つの課題を抽出し」となっていて、解答する課題の数が3つと指示されていますが、3つの指示がなく「複数」となっている場合には3つ以上（最小3つ）の課題を述べてください。これまでに出題された問題のテーマで考えると、下記のような観点がありますので、出題された問題のテーマを十分に検討してから、これらの中から3つの観点で検討するとよいでしょう。この観点は、基本的に選択科目（Ⅲ）と同じです。もちろんですが、「内容（理由）を観点とともに示す」ということを念頭にして、観点とその内容を組み合わせての検討が必要となります。

【多面的な観点】
経済性、安全性、信頼性、効率性、利便性、安定性、快適性、国際性、最適性、公益性、多様性、柔軟性、保守性、発展性、平等性、実現性、地域性、確実性、操作性、強靭性、拡張性、将来性、持続性、迅速性、遵法性、耐環境性

また、ここに記載した「多面的な観点」からでは課題が出てこない、という受験者は以下のような視点あるいは立場になって考えてみてください。わかりやすく言えば、「立場が違うエンジニアとして考えて、課題を述べよ。」ということです。

（例1）設計者の視点、製造者の視点、維持管理者の視点、使用者の視点、廃棄時の視点

（例2）環境との関わり、生産性との関わり、安全性との関わり、使い勝手との関わり、経済性・コストとの関わり

（例3）自分の専門技術を中心として、上流側設計者との関わり、下流側設計者との関わり、関連技術者との関わり

この小設問で注意すべきことは、選択科目（Ⅲ）で説明したとおり、問題と課題を混同しないことです。

（2）二番目の小設問

二番目の小設問では、「抽出した課題のうち最も重要と考える課題を1つ挙げ、その課題に対する複数の解決策を示せ。」という問いになっています。なお、選択科目（Ⅲ）であった「最も重要とした理由を述べ」がありませんが、簡単に選択した理由を述べたほうが「最も重要な課題を挙げた」ということが試験委員に伝わりますので、述べるようにしてください。ここでは、複数の解決策と指示されていますので、3つ程度の解決策を記述する必要があります。なお、「解決策を3つ示せ」と指示されている問題もあります。そのため、複数と指示された場合には、3つ程度が目安となります。この小設問は基本的に選択科目（Ⅲ）と同様です。

(3) 三番目の小設問

三番目の小設問では、二番目に示した解決策に関する設問で、基本的に下記の3つのパターンがあります。

① すべての解決策を実行した上で生じるリスクとそれへの対策について、専門技術を踏まえた考えを示せ。

② 上記すべての解決策を実行した上で生じる波及効果と専門技術を踏まえた懸念事項への対応策を示せ。

③ 上記すべての解決策を実行しても新たに生じうるリスクとそれへの対応策について、専門技術を踏まえた考えを示せ。

実際にどのパターンの設問になっているのかは、第3節に具体的な問題として示してありますので、それを参照してください。

三番目の小設問で問われているポイントは、リスクまたは懸念事項を記述することです。技術には100%の安全の保障がない以上、残る懸念事項やリスクに関してどういった意見を持っているのかを問う設問になります。その前に成果や波及効果を示すかどうかは、出題された問題のテーマによって変わってきます。なお、注意すべき点は、選択科目（Ⅲ）で示したとおりです。

(4) 四番目の小設問

四番目の小設問は、一番目から三番目に示した内容に関する設問で、基本的に下記の3つのパターンがあります。

① 技術者としての倫理、社会の保全の観点から必要となる要件・留意点を述べよ。

② 業務遂行に当たり、技術者としての倫理、社会の持続可能性の観点から述べよ。

③ 業務遂行において必要な要件を技術者としての社会的使命、及び倫理の観点から述べよ。

四番目の小設問では、「倫理、社会の保全」または「倫理、社会の持続可能性」、「社会的使命、及び倫理」の観点についての解釈にあると思います。倫理は社会保全（持続可能性）のために技術者が持つべき心構えとして「必要な要件や留意点」と述べると解釈してよいと思います。

なお、すでに技術士になったつもりで業務を遂行するときの要件は何か、ということで考えれば自ずからやるべきことがわかると思います。その例としては、以下のようなものがありますので、このような内容を考えて解答を検討すればよいでしょう。

(例1) 技術士法の目的に「科学技術の向上と国民経済の発展に資する」とありますので、これを考えて行動するということになります。

(例2) 技術士会が定めた「技術士倫理綱領」がありますが、これに基づいた業務遂行が必須要件となります。

(例3) 課題と解決策を考えるためには、最新技術動向に注目することが重要です。また、技術士に求められる資質向上の責務（継続研さん）の観点からも、技術の進歩に対応する姿勢が重要となります。

(例4) リスク対応の基本的な知識を習得することも必要になります。

(5) 小設問の記述配分

必須科目（I）は3枚解答問題ですが、小設問が4つあって、それぞれの内容を見ると、一番目の小設問と二番目枚目の小設問で、それぞれ1枚の答案用紙に解答するのに適当な内容の記述を求めています。そのため、三番目の小設問と四番目の小設問で1枚の解答にまとめるのがよいと考えます。もちろん、問題が求めている知識量がなければ、その小設問の記述量が少なくなるのは仕方がありません。

しかし、一番目の小設問では3つの観点からの課題を挙げて、観点とともに内容や理由を記述しますので、先に説明した150字法に適した分量であることがわかると思います。例えば、課題1つに対して、先に観点とその内容を150字程度で述べてから、「そのため、課題は……である。」と50字（解答用紙2行程度）で述べれば、1つの課題で200字程度となるため、小設問（1）は1枚で埋まります。そのため、1枚に記述するのはそれほどの苦労はないと思います。二番目の小設問についても同様に解決策を3つ示すので、これも150字法に適した分量といえます。さらに三番目の小設問では、リスクと対策、または成果や波及効果、懸念事項を記述することになり、加えて受験者の意見も示さなければなりませんので、記述量的にはこれも150字法が活用できる小設問だといえます。そこで三番目の小設問の解答を400字程度に収めて、残りの200字程度を四番目の小設問に充てると考えると、答案用紙3枚分がしっかりと埋まります。なお、四番目の小設問ですが、ここに200字以上の記述量があるようであれば、それ以前の一番目から三番目の小設問の解答量を減らした構成を考えてください。しかし、現実的には、四番目の小設問の解答量は200字～300字程度になってしまう場合が多いようです。著者が添削指導している受験者の答案のほとんどはそのような解答量になっていましたが、その程度でも合格されています。

必須科目（Ⅰ）は単独で60点以上の評価点数を取れば合格しますので、がんばって80点や90点を狙う必要はありません。その点からは、四番目の小設問の解答内容は、あっさりした内容を示すという考えでもよいと思います。

5．必須科目（Ⅰ）問題の対策

必須科目（Ⅰ）で特に注意すべき点として、評価項目に「技術者倫理」が加えられた点があります。技術士としてふさわしい資質として、技術者倫理がありますが、第一次試験で適性科目が設けられていて、第二次試験の口頭試験の試問事項に「技術士倫理」が明確に示されています。技術者倫理が評価項目として明記されたのは、令和元年度の試験制度改正です。それ以前の試験では、特に明確にはなっていませんでした。その背景には、技術者倫理の欠落による社会的な問題が発生しているということがあると考えます。有名な大手企業でも試験データの改ざんや差替えなどにより、JIS規格の認定がはく奪されたということがニュースになったことがありました。技術士の使命として安全・安心な製品を設計製作して世に送り出す、ということが希薄になっているように感じます。

そのため、技術者倫理の視点で解答を検討するという心構えを持っておく必要がある点は、必須科目（Ⅰ）では強く認識する必要があります。

それ以外の評価項目は、基本的に選択科目（Ⅲ）と同様ですので、第4章で説明した内容を参考にしてください。ただし、注意すべき点があります。それは、受験者が選択した選択科目に関する内容に特化した解答では不十分で合格点にはならない、ということです。あくまでも機械部門全般に関連した課題や解決策を解答しないといけない、ということです。この点を十分に検討して解答する必要があります。

(1) なぜこの問題が出題されたのかを理解する

令和元年度から令和５年度までに出題された問題のテーマを図表5.１に「機械部門の必須科目（Ⅰ）出題問題のテーマ」として記載しました。その内容を見ると、社会的な変化に対して機械部門として取り組むべき内容の問題が多く出題されているのがわかると思います。これらの問題が出題された背景としては、エネルギー政策、国際競争力の衰退、ものづくり技術力の低下、少子高齢化による技術伝承への不確実さ、日本の技術力全般の衰退、財政ひっ迫や中国や新興国の台頭などがあります。そういった、技術者が置かれた環境や機械部門の変革などに対する見識が身についていないと、十分な解答の深さが表現できません。受験準備をする段階で、このような点の認識と知識の吸収を努力して行っておく必要があります。

そのため、第6章に「現代社会が抱えている様々な問題」に関連する基礎知識を記載しますので、参考にしてください。

それ以外は、基本的に選択科目（Ⅲ）と同様ですので、第4章で説明した内容を参考にしてください。

(2) 期待される解答を考える

必須科目（Ⅰ）で求めている解答の内容は、「機械部門」全般にわたる問題解決能力と課題遂行能力ですので、解答はそれを満たしていなければなりません。もちろんそれだけでは不十分で、機械技術者としての内容的な深さで試験委員を満足させなくてはなりません。それでは、それを実現するためにどういった解答手順を踏まなければならないかを説明します。

まず、出題された問題のテーマに対して、現在の社会状況や技術動向を的確に把握している必要があります。出題される問題のテーマは、機械部門に関連する技術項目や社会情勢に関する設問ですので、内容的にはある程度知識を持っている事項ですが、その事項に対する見識の深さは項目によってまちまちといえます。過去に経験や考察したことがある内容であれば問題ないのですが、そうでない場合には、偏った理解や意見に基づいて解答を書き進めるのは得策ではありません。知っている内容をもとにすると同時に、反対の意見がないのかは書き出す前に検証しておく必要があります。それによって、解答の内容に幅が出てくるはずです。そういった視点で、解答する項目を整理してから書き始めることが大切です。

そのうえで、課題が提示されなければなりませんが、それは受験者の機械技術者としての視点だけでなく、社会または技術の方向性を含めたものである必要があります。さらに、それらの課題を解決するための複数の案を提言しなければなりません。そのような広い視点で複数の解決策を提示し、それらの長所と短所を客観的に検証します。

複数の解決策を提示したら、その解決策がもたらす効果を検討します。また、解決策に含まれるリスクや懸案事項を検討しますが、自分の意見を表明してその理由について明確な説明を行います。

技術士倫理と社会の持続可能性については一般的な解答にならないように、それまでに解答した内容を実施するために具体的にどうするのか、これも自分の意見として表明することが重要です。

以上をフローで表見すると、図表5. 3のようになります

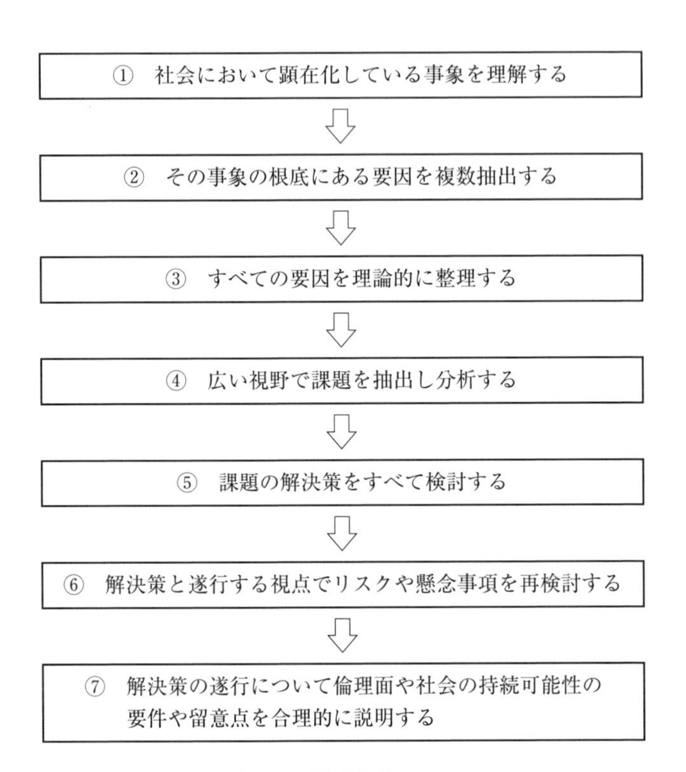

図表5. 3　見識表現のフロー

(3) 時代および将来を読む

必須科目（Ⅰ）の解答フローは図表5.3に示したとおりで、このステップのどれが抜けても試験委員が期待する解答にならないので評価は下がります。しかし、何と言っても注目されている項目は、⑥と⑦です。自分の意見が試験委員に評価されるかどうかは、今の時代の潮流を受験者がどれだけ理解しているか、また将来の方向性についてどういった見識を持っているかによります。それらを適切に示せるかどうかは、技術的な視点だけでなく、社会的な視点をどれだけ持っているかによります。現在の社会や技術分野における問題点やトピックスについての問題が出題されている必須科目（Ⅰ）ですので、現状の社会情勢を理解して、それに基づいた考察ができていなければ、十分な評価は得られません。そこまでは、意識を持って新聞や雑誌に目を通していれば、ある程度の記述はできます。しかし、問題はそのような時代評論を求めているのではなく、現状から想定される将来像としての意見を述べる必要があります。もちろんですが、できもしない将来像として示すわけではなく、リスクや懸案事項という形で示してから、その対策として今後の展望を示すことになります。

それができるためには、多くの人の意見に耳を傾けておくことが必要ですし、他人の意見に対しては何でも鵜呑みにせず、「なぜ？」という気持ちを持ち続ける気構えが必要になります。また、見たり聞いたりした技術的な意見に対しては、よく調べてから自分の意見をまとめておくことも必要でしょう。そういった繰り返しを行うと、自分の意見がだんだんに固まってきますし、その結論に対して自信が持てるようになってきます。このような積み重ねを行うことで、試験委員に評価されるレベルの必須科目（Ⅰ）の解答が書けるようになります。

第6章
「問題解決能力及び課題遂行能力」を示すための基礎知識

必須科目（Ⅰ）の問題を解答するためには、「現代社会が抱えている様々な問題」を事前に認識しておく必要があります。また、選択科目（Ⅲ）の問題を解答するためには、「社会的なニーズや技術の進歩に伴う様々な状況において生じているエンジニアリング問題」とは何かを知っておく必要があります。そのため、少しでも出題内容の背景となる事項に対する知見を広められるよう、少ない量ではありますが、現在、社会的にどういった事項が話題になっているのか、技術分野ではどういった新しい潮流が起きつつあるのかを白書等の資料を紹介して説明しておきたいと思います。機械部門の潮流についてはある程度習得していると思いますので、ここでは社会的な動向について、知っておくべき最低限の事項を項目別に示します。また、そういった注目すべき事項と合わせて、その話題をテーマにした過去問題を参考例として合わせて紹介します。最近は技術士にどういった見識が求められているのかを知り、その問題例から機械部門であれば、今後どういった問題が出題されるのか、また、出題された場合に記述を求められる多面的な視点を養う観点からも、個々に示した内容を参考にしてください。

1. 持続可能な開発目標

現代社会においては、技術者が業務を行ううえでは、常に持続可能な開発目標（SDGs：Sustainable Development Goals）の内容に基づいて検討する必要があります。持続可能な開発目標（SDGs）とは、2015年9月に国連サミットで採択された「持続可能な開発のための2030アジェンダ」に記載された2016年から2030年までの国際目標です。この内容は、世界的に基本的な姿勢となっていますが、現時点でその折り返し点を迎えており、目標実現のための具体的な活動が多くの面で求められるようになっています。そのため、機械部門およびその選択科目で対応しなければならない目標は何かを事前に認識しておく必要があります。最近では、多くの企業や団体が、関連する目標を社会に公表するようになっています。それと同様に、技術者も機械部門およびその選択科目の課題として、どういった目標が対象となるのかを考えてみる必要があります。そういった点で、改めて「目標」と技術士に関連が深い「ターゲット」の内容を確認してみてください。なお、ターゲットの内容は、多面的な視点を養ううえでも参考になります。

(1) SDGsの17の目標

SDGsでは、図表6.1に示す17の目標が示されています。

図表6.1 SDGsの17の目標

目 標	詳 細
1. 貧困をなくそう	あらゆる場所のあらゆる形態の貧困を終わらせる。
2. 飢餓をゼロに	飢餓を終わらせ、食料安全保障及び栄養改善を実現し、持続可能な農業を促進する。
3. すべての人に健康と福祉を	あらゆる年齢のすべての人々の健康的な生活を確保し、福祉を促進する。

図表6.1　SDGsの17の目標（つづき）

目　標	詳　細
4. 質の高い教育をみんなに	すべての人に包摂的かつ公正な質の高い教育を確保し、生涯学習の機会を促進する。
5. ジェンダー平等を実現しよう	ジェンダー平等を達成し、すべての女性及び女児の能力強化を行う。
6. 安全な水とトイレを世界中に	すべての人々の水と衛生の利用可能性と持続可能な管理を確保する。
7. エネルギーをみんなにそしてクリーンに	すべての人々の、安価かつ信頼できる持続可能な近代的エネルギーへのアクセスを確保する。
8. 働きがいも経済成長も	包摂的かつ持続可能な経済成長及びすべての人々の完全かつ生産的な雇用と働きがいのある人間らしい雇用（ディーセント・ワーク）を促進する。
9. 産業と技術革新の基盤をつくろう	強靭（レジリエント）なインフラ構築、包摂的かつ持続可能な産業化の促進及びイノベーションの推進を図る。
10. 人や国の不平等をなくそう	各国内及び各国間の不平等を是正する。
11. 住み続けられるまちづくりを	包摂的で安全かつ強靭（レジリエント）で持続可能な都市及び人間居住を実現する。
12. つくる責任つかう責任	持続可能な生産消費形態を確保する。
13. 気候変動に具体的な対策を	気候変動及びその影響を軽減するための緊急対策を講じる。
14. 海の豊かさを守ろう	持続可能な開発のために海洋・海洋資源を保全し、持続可能な形で利用する。
15. 陸の豊かさも守ろう	陸域生態系の保護、回復、持続可能な利用の推進、持続可能な森林の経営、砂漠化への対処、ならびに土地の劣化の阻止・回復及び生物多様性の損失を阻止する。
16. 平和と公正をすべての人に	持続可能な開発のための平和で包摂的な社会を促進し、すべての人々に司法へのアクセスを提供し、あらゆるレベルにおいて効果的で説明責任のある包摂的な制度を構築する。
17. パートナーシップで目標を達成しよう	持続可能な開発のための実施手段を強化し、グローバル・パートナーシップを活性化する。

［出典：環境省ホームページ］

経済産業省が2019年6月に公表した「SDGs経営／ESD投資研究会報告書」では、『SDGsは企業と世界をつなぐ「共通言語」』と示しているだけではなく、『SDGs―企業経営における「リスク」と「機会」』としており、ポイントとして、「SDGsに取り組まないこと自体がリスクである」と説明しています。また、『従業員が、自分のやっていることがSDGsの17の目標とどうつながっているのかを認識することが一番大事』と示しています。このことは、技術者にも言えることで、「従業員」を「技術者」または「技術士」と置き換えて読む必要があります。もう1点重要な点としては、「SDGsは、各プレイヤーに17の目標、169のターゲット全てに焦点を当てることを求めているわけではない。自社にとっての重要課題（マテリアリティ）を特定し、関連の深い目標を見定めることで、自社の資源を重点的に投入することができ、結果として、自社の本業に即した、効率的なSDGsへの貢献が可能となる」と示している点があります。これは非常に重要な考え方です。

(2) SDGsの169のターゲット

SDGsに関する問題としては、これまで多くの技術部門で、技術部門・選択科目に関連する目標に関する意見を求めるものが出題されています。しかし、それを解答するためには、技術部門・選択科目に関連が深いターゲットの内容を知っておく必要があります。そのため、SDGsの17の目標の下に、細分化された169のターゲットのうちで、機械部門に関連すると考えるものおよび多面的な視点として認識しなければならない項目を示します。自分が受験する機械部門および選択科目ではどのターゲットが関係するのか、そのターゲットに対してどんな課題があるのか事前に検討してみてください。また、解答の条件である「多面的な視点」という点でも参考になる内容と考えますので、自分の専門分野に関係する内容という観点と、「多面的な視点」を養うという観点から、関連するターゲットを再確認してみてください。なお、内容の出典は環境省によるものです。

1）貧困をなくそう

目標：あらゆる場所のあらゆる形態の貧困を終わらせる

1.4	基礎的サービスへのアクセス、財産の所有・管理の権利、金融サービスや経済的資源の平等な権利を確保する
1.a	開発途上国の貧困対策に、様々な資源を動員する

注：1.1～1.3、1.5、1.b は省略

2）飢餓をゼロに

目標：飢餓を終わらせ、食料安全保障及び栄養改善を実現し、持続可能な農業を促進する

2.4	持続可能な食料生産システムを確保し、強靭な農業を実践する
2.a	開発途上国の農業生産能力向上のための投資を拡大する

注：2.1～2.3、2.5、2.b～2.c は省略

3）すべての人に健康と福祉を

目標：あらゆる年齢のすべての人々の健康的な生活を確保し、福祉を促進する

3.6	道路交通事故死傷者を半減させる
3.9	環境汚染による死亡と疾病の件数を減らす

注：3.1～3.5、3.7～3.8、3.a～3.d は省略

4）質の高い教育をみんなに

目標：すべての人に包摂的かつ公正な質の高い教育を確保し、生涯学習の機会を促進する

4.4	働く技能を備えた若者と成人の割合を増やす
4.5	教育における男女格差をなくし、脆弱層が教育や職業訓練に平等にアクセスできるようにする
4.a	安全で非暴力的、包摂的、効果的な学習環境を提供する

注：4.1～4.3、4.6～4.7、4.b～4.c は省略

5）ジェンダー平等を実現しよう

目標：ジェンダー平等を達成し、すべての女性及び女児の能力強化を行う

5.1	女性に対する差別をなくす
5.2	女性に対する暴力をなくす
5.3	女性に対する有害な慣行をなくす
5.4	無報酬の育児・介護・家事労働を認識・評価する
5.5	政治、経済、公共分野での意思決定において、女性の参画と平等なリーダーシップの機会を確保する
5.b	女性の能力を強化する
5.c	女性の能力強化のための政策・法規を導入・強化する

注：5.6、5.a は省略

6）安全な水とトイレを世界中に

目標：すべての人々の水と衛生の利用可能性と持続可能な管理を確保する

6.1	安全・安価な飲料水の普遍的・衡平なアクセスを達成する
6.3	様々な手段により水質を改善する
6.4	水不足に対処し、水不足に悩む人の数を大幅に減らす
6.5	統合水資源管理を実施する
6.a	開発途上国に対する、水と衛生分野における国際協力と能力構築を支援する

注：6.2、6.6、6.b は省略

7）エネルギーをみんなにそしてクリーンに

目標：すべての人々の、安価かつ信頼できる持続可能な近代的エネルギーへのアクセスを確保する

7.1	エネルギーサービスへの普遍的アクセスを確保する
7.2	再生可能エネルギーの割合を増やす
7.3	エネルギー効率の改善率を増やす
7.a	国際協力によりクリーンエネルギーの研究・技術へのアクセスと投資を促進する
7.b	開発途上国において持続可能なエネルギーサービスを供給できるようにインフラ拡大と技術向上を行う

8) 働きがいも経済成長も

目標：包摂的かつ持続可能な経済成長及びすべての人々の完全かつ生産的な雇用と働きがいのある人間らしい雇用（ディーセント・ワーク）を促進する

8.4	10YFP（持続可能な消費と生産に関する10年計画枠組み）に従い、経済成長と環境悪化を分断する
8.5	雇用と働きがいのある仕事、同一労働同一賃金を達成する
8.9	持続可能な観光業を促進する

注：8.1～8.3、8.6～8.8、8.10、8.a～8.b は省略

9) 産業と技術革新の基盤をつくろう

目標：強靭（レジリエント）なインフラ構築、包摂的かつ持続可能な産業化の促進及びイノベーションの推進を図る

9.1	経済発展と福祉を支える持続可能で強靭なインフラを開発する
9.4	資源利用効率の向上とクリーン技術及び環境に配慮した技術・産業プロセスの導入拡大により持続可能性を向上させる
9.5	産業セクターにおける科学研究を促進し、技術能力を向上させる
9.a	開発途上国への支援強化により、持続可能で強靭なインフラ開発を促進する
9.b	開発途上国の技術開発・研究・イノベーションを支援する
9.c	後発開発途上国における普遍的・安価なインターネット・アクセスを提供する

注：9.2～9.3 は省略

10) 人や国の不平等をなくそう

目標：各国内及び各国間の不平等を是正する

10.3	機会均等を確保し、成果の不平等を是正する
10.4	政策により、平等の拡大を達成する

注：10.1～10.2、10.5～10.7、10.a～10.c は省略

11）住み続けられるまちづくりを

目標：包摂的で安全かつ強靭（レジリエント）で持続可能な都市及び人間居住を実現する

11.2	交通の安全性改善により、持続可能な輸送システムへのアクセスを提供する
11.3	参加型・包摂的・持続可能な人間居住計画・管理能力を強化する
11.4	世界文化遺産・自然遺産を保護・保全する
11.5	災害による死者数、被害者数、直接的経済損失を減らす
11.6	大気や廃棄物を管理し、都市の環境への悪影響を減らす
11.7	緑地や公共スペースへのアクセスを提供する
11.a	都市部、都市周辺部、農村部間の良好なつながりを支援する
11.b	総合的な災害リスク管理を策定し、実施する

注：11.1、11.c は省略

12）つくる責任つかう責任

目標：持続可能な生産消費形態を確保する

12.1	10YFP（持続可能な消費と生産に関する 10 年計画枠組み）を実施する
12.2	天然資源の持続可能な管理及び効率的な利用を達成する
12.3	世界全体の一人当たりの食料廃棄を半減させ、生産・サプライチェーンにおける食品ロスを減らす
12.4	化学物質や廃棄物の適正管理により大気、水、土壌への放出を減らす
12.5	廃棄物の発生を減らす
12.8	持続可能な開発及び自然と調和したライフスタイルに関する情報と意識を持つようにする
12.c	開発に関する悪影響を最小限に留め、市場のひずみを除去し、化石燃料に対する非効率な補助金を合理化する

注：12.6～12.7、12.a～12.b は省略

13）気候変動に具体的な対策を

目標：気候変動及びその影響を軽減するための緊急対策を講じる

13.1	気候関連災害や自然災害に対する強靭性と適応能力を強化する
13.2	気候変動対策を政策、戦略及び計画に盛り込む
13.3	気候変動対策に関する教育、啓発、人的能力及び制度機能を改善する

注：13.a～13.b は省略

14）海の豊かさを守ろう

目標：持続可能な開発のために海洋・海洋資源を保全し、持続可能な形で利用する

14.1	海洋汚染を防止・削減する
14.3	海洋酸性化の影響を最小限にする
14.a	海洋の健全性と海洋生物多様性の向上のために、海洋技術を移転する
14.c	国際法を実施し、海洋及び海洋資源の保全、持続可能な利用を強化する

注：14.2、14.4～14.7、14.b は省略

15）陸の豊かさも守ろう

目標：陸域生態系の保護、回復、持続可能な利用の推進、持続可能な森林の経営、砂漠化への対処、ならびに土地の劣化の阻止・回復及び生物多様性の損失を阻止する

15.9	生態系と生物多様性の価値を国の計画等に組み込む
15.a	生物多様性と生態系の保全・利用のために資金を動員する

注：15.1～15.8、15.b～15.c は省略

16）平和と公正をすべての人に

目標：持続可能な開発のための平和で包摂的な社会を促進し、すべての人々に司法へのアクセスを提供し、あらゆるレベルにおいて効果的で説明責任のある包摂的な制度を構築する

16.10	情報への公共アクセスを確保し、基本的自由を保障する

注：16.1～16.9、16.a～16.b は省略

17）パートナーシップで目標を達成しよう

目標：持続可能な開発のための実施手段を強化し、グローバル・パートナーシップを活性化する

17.6	科学技術イノベーションに関する国際協力を向上させ、知識共有を進める
17.7	開発途上国に対し、環境に配慮した技術の開発・移転等を促進する
17.16	持続可能な開発のためのグローバル・パートナーシップを強化する

注：17.1～17.5、17.8～17.15、17.17～17.19 は省略

(3) SDGsの優先課題

さらに、優先課題として図表6.2の内容が示されています。

図表6.2 SDGsの優先課題と具体的施策

優先課題	具体的施策
①あらゆる人々の活躍の推進	一億総活躍社会の実現、女性活躍の推進、子供の貧困対策、障害者の自立と社会参加支援、教育の充実
②健康・長寿の達成	薬剤耐性対策、途上国の感染症対策や保健システム強化・公衆衛生危機への対応、アジアの高齢化への対応
③成長市場の創出、地域活性化、科学技術イノベーション	有望市場の創出、農山漁村の振興、生産性向上、科学技術イノベーション、持続可能な都市
④持続可能で強靭な国土と質の高いインフラの整備	国土強靭化の推進・防災、水資源開発・水循環の取組、質の高いインフラ投資の推進
⑤省・再生可能エネルギー、気候変動対策、循環型社会	省・再生可能エネルギーの導入・国際展開の推進、気候変動対策、循環型社会の構築
⑥生物多様性、森林、海洋等の環境の保全	環境汚染への対応、生物多様性の保全、持続可能な森林・海洋・陸上資源
⑦平和と安全・安心社会の実現	組織犯罪・人身取引・児童虐待等の対策推進、平和構築・復興支援、法の支配の促進
⑧SDGs実施推進の体制と手段	マルチステークホルダーパートナーシップ、国際協力におけるSDGsの主流化、途上国のSDGs実施体制支援

[出典:外務省ホームページ]

SDGsを扱った問題例として、176ページに掲載した令和元年度Ⅰ－2の問題があります。

2. 環　　境

令和5年版環境白書・循環型社会白書・生物多様性白書の第1章第1節の冒頭では、「地球規模での人口増加や経済規模の拡大の中で、人間活動に伴う地球環境の悪化はますます深刻となり、地球の生命維持システムは存続の危機に瀕しています。」と示しています。それに対して、「地球の限界（プラネタリー・バウンダリー）」という研究を紹介しています。この研究では、「人間が安全に活動できる範囲内にとどまれば人間社会は発展し繁栄できるが、境界を越えることがあれば、人間が依存する自然資源に対して回復不可能な変化が引き起こされる」と示しています。また、持続可能な経済社会となるためには、下記の3つを同時達成させることが必要であると示しています。

① 炭素中立（カーボンニュートラル）
② 循環経済（サーキュラーエコノミー）
③ 自然再興（ネイチャーポジティブ）

ここでは、カーボンニュートラル、温室効果ガスプロトコル、グリーン成長戦略とサーキュラーエコノミーについて説明します。

(1) カーボンニュートラル

日本政府は2050年のカーボンニュートラルを目指すことを世界に宣言しました。そのための行動としては、まず省エネルギーの強化等を行ってエネルギーの使用量を削減し、二酸化炭素排出量を抑制することが第一歩となります。続いて、非化石エネルギーの導入拡大を進める必要があります。具体的には、原子力発電の推進、再生可能エネルギー（水力、地熱、太陽光、風力、バイオマスなど）の導入、再生可能エネルギーで発生させた水素のエネルギーとしての利用などがあります。

しかし、これらを実施しても、最終的には、残存するCO_2を吸収または貯蔵するなどの方法により帳消しとすることが必要です。それを図示すると図表6. 3

のようになります。

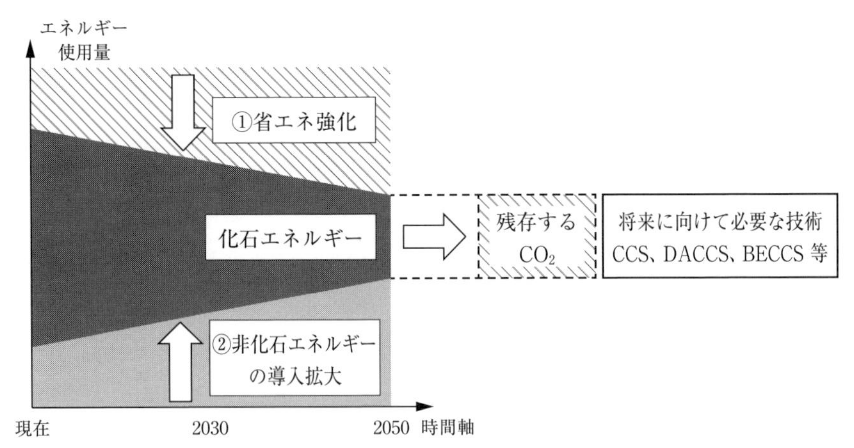

［出典：省エネルギー小委員会 2021 年 6 月 30 日資料］

図表6. 3 需要側のカーボンニュートラルに向けたイメージと取組の方向性

残存する二酸化炭素を削減する技術とされているものを次に示します。

① CCS（Carbon dioxide Capture and Storage）

CCSは、二酸化炭素を回収・貯留する技術で、発電所や化学工場などから排出されたCO_2を他の気体から分離して集め、地中深くに貯留・圧入する仕組みです。CO_2を分離・回収する方法としては、図表6. 4に示す方法があります。

図表6. 4 CO_2分離回収法

分離法	具体的方法
吸収法	物理吸収液、化学吸収液
吸着分離法	物理吸着、化学吸着／吸収、化学吸収炭酸塩系
膜分離法	有機膜、無機膜
深冷分離法	液化／蒸留／沸点差

② CCUS（Carbon dioxide Capture, Utilization and Storage）

CCUSは、分離・貯留したCO_2を利用する手法で、具体例としては、古い油田に注入することで、油田に残った原油を圧力で押し出しつつ、CO_2を地中に貯留しています。

CCUSを扱った問題例として次のものがあります。

○ 地球温暖化の原因として二酸化炭素の排出量が問題視される中で、大気中の二酸化炭素の量を減らす取組として、二酸化炭素の回収・有効利用・貯留（CCUS：Carbon dioxide Capture, Utilization and Storage）が注目されている。このような状況を踏まえて、流体機器分野の専門技術者としての立場で、以下の問いに答えよ。

（令和3年度　流体機器Ⅲ－1）

(1) 二酸化炭素の回収・有効利用・貯留で用いられる流体機器を1つ挙げ、運用するうえでの課題を技術者としての多面的な観点から複数抽出し、その内容を観点とともに示せ。

(2) 前問（1）で抽出した課題のうち最も重要と考える課題を1つ挙げ、その課題の解決策を複数示せ。

(3) 前問（2）で示したすべての解決策を実行したうえで生じる波及効果と専門技術を踏まえた懸念事項への対応策を示せ。

③ BECCS（Bioenergy with Carbon Capture and Storage）

BECCSは、CO_2排出量が実質ゼロであるバイオマスの燃焼で排出されたCO_2を回収し、地中に圧入・貯留することでCO_2排出量をマイナス（カーボンネガティブ）とする技術です。

④ DACCS（Direct Air Carbon Capture and Storage）

DACCSは、空気中のCO_2を直接回収する直接空気回収（DAC：Direct Air Capture）とCCSを組み合わせたシステムで、図表6. 4に示すような技術を使って大気中からCO_2を直接回収し、地中に圧入・貯留することで、CO_2の排出量をマイナス（カーボンネガティブ）とする技術です。我が国で、2050年に排出量実質ゼロを達成するには、年間最大2億トンのCO_2をDACで回収する必要があると想定されています。

⑤ EOR（Enhanced Oil Recovery）

EORは、CO_2を油田に圧入し、原油回収率を向上させる手法です。

⑥ カーボンリサイクル

カーボンリサイクルは、CO_2を資源として捉え、これを分離・回収し、化学品や燃料、鉱物などとして再利用することです。CCUS／カーボンリサイクルを図示すると図表6.5のようになります。

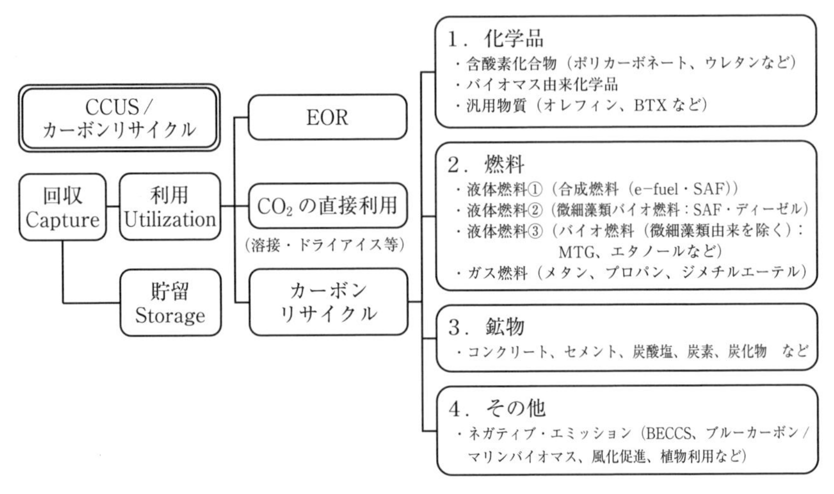

［出典：カーボンリサイクル技術ロードマップ（経済産業省他）］

図表6.5 CCUS／カーボンリサイクル

⑦ メタネーション

メタネーションとは、回収したCO_2と再生可能エネルギーで作った水素（H_2）を使って、都市ガスの主成分であるメタン（CH_4）を合成して、既存の都市ガス配管で供給して利用する技術です（図表6. 6参照）。ガスとして利用する際に排出されるCO_2は、回収したCO_2で相殺されるため、カーボンニュートラルとなります。

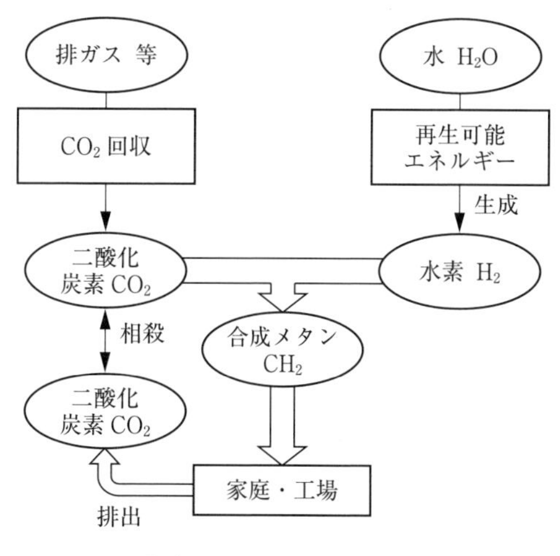

図表6. 6　メタネーション

⑧　グリーントランスフォーメーション（GX）

グリーントランスフォーメーションとは、経済産業省が提唱する、経済成長と環境保護を両立させ、「2050年までに温室効果ガスの排出を全体としてゼロにする」というカーボンニュートラルにいち早く移行するために必要な経済社会システム全体の変革を意味する成長戦略を言います。

なお、カーボンニュートラルを実現するためには、バイオ技術や化学工学だけではなく、デジタル技術やパワーエレクトロニクス、情報通信技術、機械工学、都市工学、シェアリング・エコノミーなどの多面的な技術や仕組みの活用が求められる点は認識する必要があります。

こういった内容を扱った問題例として次のものがあります。

○ カーボンニュートラル化に向けて、調整電源として期待される火力発電は、バイオマス、水素、アンモニア燃料の利用に加えて、化石燃料を利用する場合においても、燃焼排出ガスからの二酸化炭素の分離回収と貯留によるカーボンニュートラル化が必要とされる。この実施に際して、熱・動力エネルギー分野の技術者として、以下の問いに答えよ。

(令和5年度 熱・動力エネルギー機器Ⅲ－1)

(1) 火力発電の燃焼排ガスからの二酸化炭素の分離回収システムを説明し、これを実施するうえでの課題を、技術者としての立場で、多面的な観点から3つ抽出し、それぞれの観点を明記したうえで、その課題の内容を示せ。

(2) 前問(1)で抽出した課題のうち、最も重要と考える課題を1つ挙げ、その課題に対する複数の解決策を示せ。

(3) 前問(2)で示したすべての解決策を実行して生じる波及効果と専門技術を踏まえた懸念事項への対応策を示せ。

(2) 温室効果ガスプロトコル

現在の主流は、自社内での温室効果ガスの削減や製造した製品からの温室効果ガスの削減です。しかし、国際的には、事業者の排出量の算定と報告の基準は、温室効果ガスプロトコルとされています。温室効果ガスプロトコルはGHG（Greenhouse Gas）プロトコルとも言われ、下記の3つの基準が定められています。

① スコープ1：事業者自らによる温室効果ガスの直接排出（燃料の燃焼、工業プロセス）

② スコープ2：他社から供給された電気、熱・蒸気の使用に伴う間接排出

③ スコープ3：スコープ1、スコープ2以外の間接排出（事業者の活動に関連する他社の排出）

上記のスコープを図示したものが図表6.7になります。

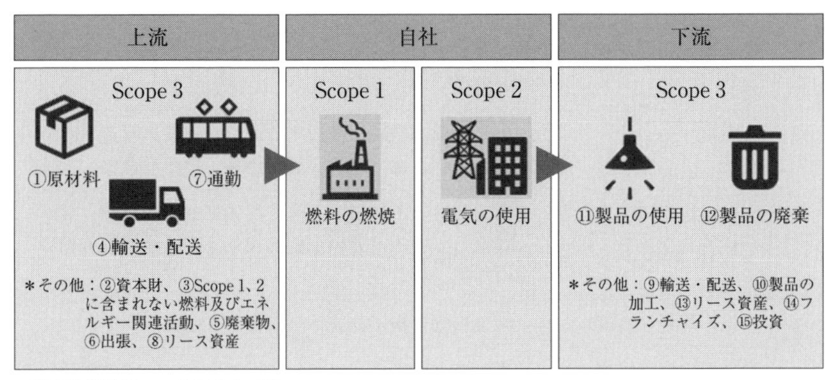

○の数字はScope 3のカテゴリ

［出典：グリーン・バリューチェーンプラットフォーム（環境省・経済産業省）］

図表6.7　スコープの考え方

なお、スコープ3には、次ページの図表6.8に示す15のカテゴリ分類があります。

現在のところ、スコープ2までを算定している企業が多いですが、今後はスコープ3までを算定するために、サプライチェーン全体に大きな変革を求める企業が増えていくと考えられます。その場合、サプライチェーンが長くスコープ3の排出量が多い製造業や、多重下請構造が常態化している運送業や建設業においては、算定が難しくなります。また、国内産業部門のCO_2排出量の4割を排出している鉄鋼業界は、スコープ1、2の排出量が多いので、燃料自体の大規模な転換、具体的には、高炉から電炉への転換や水素・アンモニアの活用などが求められていくことは間違いありません。同様に、電力関係などでは、再生可能エネルギーの導入や水素やアンモニアなどへの燃料の転換が必要となります。

環境配慮設計を扱った問題例として、149ページに掲載した令和4年度　材料強度・信頼性Ⅲ－1の問題があります。

図表6.8 スコープ3の各カテゴリへの分類

	Scope 3 カテゴリ	該当する活動（例）
1	購入した製品・サービス	原材料の調達、パッケージングの外部委託、消耗品の調達
2	資本財	生産設備の増設（複数年にわたり建設・製造されている場合には、建設・製造が終了した最終年に計上）
3	Scope 1、2 に含まれない燃料及びエネルギー活動	調達している燃料の上流工程（採掘、精製等） 調達している電力の上流工程（発電に使用する燃料の採掘、精製等）
4	輸送、配送（上流）	調達物流、横持物流、出荷物流（自社が荷主）
5	事業から出る廃棄物	廃棄物（有価のものは除く）の自社以外での輸送（※1）、処理
6	出張	従業員の出張
7	雇用者の通勤	従業員の通勤
8	リース資産（上流）	自社が賃借しているリース資産の稼働（算定・報告・公表制度では、Scope 1、2 に計上するため、該当なしのケースが大半）
9	輸送、配送（下流）	出荷輸送（自社が荷主の輸送以降）、倉庫での保管、小売店での販売
10	販売した製品の加工	事業者による中間製品の加工
11	販売した製品の使用	使用者による製品の使用
12	販売した製品の廃棄	使用者による製品の廃棄時の輸送（※2）、処理
13	リース資産（下流）	自社が賃貸事業者として所有し、他者に賃貸しているリース資産の稼働
14	フランチャイズ	自社が主宰するフランチャイズの加盟者の Scope 1、2 に該当する活動
15	投資	株式投資、債券投資、プロジェクトファイナンスなどの運用
その他（任意）		従業員や消費者の日常生活

※1 Scope 3 基準及び基本ガイドラインでは、輸送を任意算定対象としています
※2 Scope 3 基準及び基本ガイドラインでは、輸送を算定対象外としていますが、算定頂いても構いません

［出典：グリーン・バリューチェーンプラットフォーム（環境省・経済産業省）］

(3) グリーン成長戦略

令和3年6月には、経済産業省をはじめとして多くの省庁が合同で、「2050年カーボンニュートラルに伴うグリーン成長戦略」を公表しています。この中で、『温暖化への対応を、経済成長の制約やコストとする時代は終わり、国際的にも、成長の機会と捉える時代に突入したのである。』と示しています。これに加えて、『従来の発想を転換し、積極的に対策を行うことが、産業構造や社会経済の変革をもたらし、次なる大きな成長につながっていく。こうした「経済と環境の好循環」を作っていく産業政策が、グリーン成長戦略である。』としており、2050年に向けて成長が期待される下記の14分野が示されています。ここで示された個々の内容は、機械部門にも関係するものですので、自分が受験する選択科目にはどれが関係するのかをしっかりと認識してください。

【エネルギー関連産業】

① 洋上風力・太陽光・地熱産業

ⓐ 洋上風力

1) 導入目標を明示し、国内外の投資を呼び込む

2) 系統・港湾のインフラを計画的に整備する

3) 競争力を備えたサプライチェーンを形成する

4) 規制の総点検によって事業環境を改善する

5) 「技術開発ロードマップ」に基づいた実証を見据え、要素技術開発を加速する

ⓑ 太陽光

1) 2030年を目途に、普及段階に移行できるよう、次世代型太陽電池の研究開発を重点化する

2) アグリゲーションビジネス、PPAモデルなど関連産業の育成・再構築を図りつつ、地域と共生可能な適地の確保等を進める

ⓒ 地熱

1) 次世代型地熱発電技術の開発を推進する

2) リスクマネー供給や科学データの収集等を推進する

3) 自然公園法や温泉法の運用の見直しにより、開発を加速する

② 水素・燃料アンモニア産業

ⓐ 水素

1) 導入拡大を通じて、化石燃料に十分な競争力を有する水準となることを目指す

2) 日本に強みのある技術を中心に、国際競争力を強化する

3) 輸送・貯蔵技術の早期商用化（コスト低減）を目指す

4) 水電解装置のコスト低下により世界での導入拡大を目指す

ⓑ 燃料アンモニア産業

1) 火力混焼用の発電用バーナーに関する技術開発を進める

2) 安価な燃料アンモニアの供給に向けて、コスト低減のための技術開発やファイナンス支援を強化する

3) 国際標準化や混焼技術の開発を通じて、東南アジアマーケットへの輸出を促進する

③ 次世代熱エネルギー産業

1) 2050年に都市ガスをカーボンニュートラル化する

2) 総合エネルギーサービス企業への転換を図る

3) 合成メタンの安価な供給（LNG同等）を実現する

④ 原子力産業

1) 国際連携を活用して高速炉開発を着実に推進する

2) 2030年までに国際連携により小型モジュール炉技術を実証する

3) 2030年までに高温ガス炉における水素製造に係る要素技術を確立する

4) ITER計画等の国際連携を通じた核融合研究開発を着実に推進する

【輸送・製造関連産業】

⑤ 自動車・蓄電池産業

1) 電動化目標を設定する

2) 蓄電池目標を設定する

3) 充電・充てんインフラ目標を設定する

4) 電動化推進に向けて、施策パッケージを展開する

⑥ 半導体・情報通信産業

1）次世代パワー半導体やグリーンデータセンター等の研究開発支援等を通して、半導体・情報通信産業の2040年のカーボンニュートラル実現を目指す

2）データセンターの国内立地・最適配置を推進する（地方新規拠点整備・アジア拠点化）

⑦　船舶産業

1）ゼロエミッション船の実用化に向け、技術開発を推進する

2）省エネ・省CO_2排出船舶の導入・普及を促進する枠組みを整備する

3）LNG燃料船の高効率化のため、技術開発を推進する

⑧　物流・人流・土木インフラ産業

1）高速道路利用時のインセンティブを付与し、電動車の普及を促進する

2）ドローン物流の本格的な実用化・商用化を推進する

3）2025年、「カーボンニュートラルポート形成計画（仮称）」を策定した港湾が全国で20港以上となることを目指す

4）動力源を抜本的に見直した革新的建設機械（電動、水素、バイオ等）の認定制度を創設し、導入・普及を促進する

5）空港の脱炭素化、航空交通システムの高度化を推進する

⑨　食料・農林水産業

1）食料・農林水産業の生産力向上と持続性の両立をイノベーションで実現させる新たな政策方針として「みどりの食料システム戦略」（2021年5月）を策定。カーボンニュートラルの実現等に向けた革新的な技術・生産体系の目標を掲げ、その開発・社会実装を推進

2）ネガティブエミッションに向けた森林及び木材、海洋等の活用に関する目標を具体化

⑩　航空機産業

1）航空機の電動化技術の確立に向け、コア技術の研究開発を推進する

2）水素航空機実現に向け、コア技術の研究開発等を推進する

3）航空機・エンジン材料の軽量化、耐熱性向上などに資する新材料の導入を推進する

⑪ カーボンリサイクル・マテリアル産業

ⓐ カーボンリサイクル

1) 低価格かつ高性能なCO_2吸収型コンクリート、CO_2回収型のセメント製造技術を開発する

2) カーボンフリーな合成燃料を、2040年までに自立商用化、2050年にガソリン価格以下とする。2030年頃の実用化を目標に、SAFのコスト低減・供給拡大のための大規模実証を進める

3) 2050年に人工光合成によるプラスチック原料について、既製品と同価格を目指す

4) より低濃度・低圧な排ガスからCO_2を分離・回収する技術の開発・実証を進める

ⓑ マテリアル

1) 「ゼロカーボン・スチール」の実現に向けた技術開発・実証を実施する

2) 産業分野の脱炭素化に資する、革新的素材の開発・供給を行う

3) 製造工程で高温を必要とする産業における熱源の脱炭素化を進める

【家庭・オフィス関連産業】

⑫ 住宅・建築物産業・次世代電力マネジメント産業

ⓐ 住宅・建築物

1) 住宅についても省エネ基準適合率の向上に向けて更なる規制的措置の導入を検討する

2) 非住宅・中高層建築物の木造化を促進する

ⓑ 次世代電力マネジメント

1) デジタル制御や市場取引を通じ、分散型エネルギーを活用したアグリゲーションビジネスを推進する

2) 再エネの大量導入に伴う電力系統の混雑を解消するため、デジタル技術や市場を活用した次世代グリッドを構築する

3) マイクログリッドによって、エネルギーの地産地消、レジリエンスの強化、地域活性化を促進する

⑬ 資源循環関連産業

1) 技術の高度化、設備の整備、低コスト化を推進する

Reduce・Renewable／Reuse・Recycle／Recovery

⑭ ライフスタイル関連産業

1) 観測・モデリング技術を高め、地球環境ビッグデータの利活用を推進する

2) ナッジやデジタル化、シェアリングによる行動変容を実現する

3) 地域の脱炭素化を推進し、その実践モデルを他の地域や国に展開する

上記の戦略を実行するために、グリーンイノベーション基金を造成しています。グリーン成長戦略を扱った問題例として以下のものがあります。

○ 2050年のカーボンニュートラル目標に向けて、2020年12月に策定されたグリーン成長戦略では、今後成長が期待される産業として14分野が設定された。このうち、熱・動力エネルギー機器に関連するものとしては、電力部門の脱炭素化を大前提とした洋上風力や次世代太陽電池による再生可能エネルギーの利用拡大や、アンモニアや水素などの化石代替燃料の活用が期待されている。一方、再生可能エネルギーの大量導入を可能にするには、既存の火力発電や揚水発電等による調整力確保が必須である。特に火力発電に対しては、長期的には代替燃料への転換を図るとともに、短期的には従来燃料を用いた中での調整力の強化が求められる。このような社会的動向に基づく技術的要請に関して、熱・動力エネルギー機器の技術者として以下の問いに答えよ。

(令和3年度　熱・動力エネルギー機器Ⅲ－2)

(1) 再生可能エネルギーの導入拡大に伴い、今後さらに重要となる火力発電所の調整力について、それが必要となる背景と対象とする発電方式を示したうえで、技術者としての立場で多面的な観点から部分負荷効率向上以外の課題を3つ抽出し、それぞれの観点を明記したうえで、課題の内容を示せ。

(2) 抽出した課題のうち最も重要と考える課題を1つ挙げ、その課題に

対する複数の解決策を示せ。
(3) 前問 (2) で示したすべての解決策を実行して生じる波及効果と専門技術を踏まえた懸念事項への対応策を示せ。

(4) サーキュラーエコノミー

環境省では、サーキュラーエコノミーを、「従来の3Rの取組に加え、資源投入量・消費量を抑えつつ、ストックを有効活用しながら、サービス化等を通じて付加価値を生み出す経済活動であり、資源・製品の価値の最大化、資源消費の最小化、廃棄物の発生抑止等を目指すもの」と説明しています。なお、2021年10月に改訂された「地球温暖化対策計画」においては、地球温暖化対策の基本的考え方の1つとして3R（廃棄物等の発生抑制・循環資源の再使用・再生利用）＋Renewable（バイオマス化、再生材利用等）をはじめとするサーキュラーエコノミーへの移行を大胆に実行する旨が明記されました。

サーキュラーエコノミーを扱った問題例として、159ページに掲載した令和4年度　加工・生産システム・産業機械Ⅲ－2の問題があります。

3. エネルギー

エネルギー問題は、世界的に化石エネルギーに依存している現在では、地球温暖化問題と密接に関連しています。特に我が国では福島第一原子力発電所の事故以降は原子力発電の再稼働が進んでいないために、火力発電への依存度が東日本大震災前より高くなっています。また、エネルギーの安定供給において、国際紛争や地政学的リスクなどが顕在化して、エネルギー価格の上昇が生じており、それが生活必需品にまで波及し、庶民の生活に大きな影響を及ぼしています。

(1) 第六次エネルギー基本計画

令和3年10月に、「第六次エネルギー基本計画」が閣議決定されました。その「はじめに」では、『我が国は2020年10月に「2050年カーボンニュートラル」を目指すことを宣言するとともに、2021年4月には、2030年度の新たな温室効果ガス排出削減目標として、2013年度から46％削減することを目指し、さらに50％の高みに向けて挑戦を続けるとの新たな方針を示した。』と示されています。

(a) エネルギー政策の基本的視点

エネルギー政策の基本的視点として、次の「S＋3E」を掲げていますが、「新型コロナウイルス感染症の教訓からエネルギー供給においても、サプライチェーン全体を俯瞰した安定供給の確保の重要性が認識されるといった新たな視点も必要となる。」としています。

① 安全性（Safety）を前提
② エネルギーの安定供給（Energy security）を第一
③ 経済効率性の向上（Economic efficiency）による低コストでのエネルギー供給の実現
④ 環境（Environment）への適合

なお、第六次エネルギー基本計画では、「3E＋S」の大原則を改めて「S＋3E」とし、以下のとおり整理しています。

ⓐ あらゆる前提としての安全性の確保

ⓑ エネルギーの安定供給の確保と強靭化

ⓒ 気候変動や周辺環境との調和など環境適合性の確保

ⓓ エネルギー全体の経済効率性の確保

(b) 2030年度の日本の電源構成

電源のベストミックスについて議論がなされており、第六次エネルギー基本計画では、2030年度の日本の電源構成は、図表6.9のような目標になっています。しかし、安全審査に合格した原子力発電所が稼働できていない状況から考えると、原子力の目標の現実性が疑問視されています。

図表6.9　2030年度の電源構成

電　源	比　率
再生可能エネルギー	36～38%程度
原子力	20～22%程度
LNG 火力	20%程度
石炭火力	19%程度
石油火力	2%程度

［出典：エネルギー基本計画］

2050年にカーボンゼロを目指すとすると、石炭火力や石油火力の新設は難しい一方、既存の発電設備は老朽化しており、2030年時点でどれだけ稼働できるのかは不透明ですので、これらの比率を確保できるかどうかは不明です。なお、LNG火力は他の火力発電に比べると二酸化炭素の排出量が少ないため、過渡期の発電設備として使っていくことになると考えられます。しかし、設備投資を回収する期間を考えると、こちらも新設するということには慎重にならざるを得ません。そのため、新設の大規模発電所に一定期間政府が収入を保証する仕組みなどが検討されています。

(c) 2050年カーボンニュートラル時代のエネルギー需給構造

2050年カーボンニュートラル時代のエネルギー需給構造を描くと、第六次エネルギー基本計画では、以下のようになると示しています。

① 徹底した省エネルギーによるエネルギー消費効率の改善に加え、脱炭素電源により電力部門は脱炭素化され、その脱炭素化された電源により、非電力部門において電化可能な分野は電化される。

② 産業部門においては、水素還元製鉄、CO_2吸収型コンクリート、CO_2回収型セメント、人工光合成などの実用化により脱炭素化が進展する。一方で、高温の熱需要など電化が困難な部門では、水素、合成メタン、バイオマスなどを活用しながら、脱炭素化が進展する。

③ 民生部門では、電化が進展するとともに、再生可能エネルギー熱や水素、合成メタンなどの活用により脱炭素化が進展する。

④ 運輸部門では、EVやFCVの導入拡大とともに、CO_2を活用した合成燃料の活用により、脱炭素化が進展する。

⑤ 各部門においては省エネルギーや脱炭素化が進展するものの、CO_2の排出が避けられない分野も存在し、それらの分野からの排出に対しては、DACCS（Direct Air Carbon Capture and Storage）やBECCS（Bio-Energy with Carbon Capture and Storage）、森林吸収源などによりCO_2が除去される（第6章第2節（1）参照）。

(d) 各部門における対応

第六次エネルギー基本計画では、各部門における対応を示していますので、いくつかの部門の対応について示します。

1) 産業部門における対応

産業部門においては、「低温帯の熱需要に対しては、ヒートポンプや電熱線といった電化技術による脱炭素化が考えられるが、設備費用や電気代への対応といったコスト面の課題がある。」としており、「高温帯の熱需要の中には、赤外線による加熱方式などによる電炉といった電化技術による脱炭素化が考えられるが、大規模な高温帯の熱需要に対しては、経済的・熱量的・構造的に対応が困難な場合がある。」としています。そういった状況から、「水素は水素ボイラーの活用により熱需要の脱炭素化に貢献できるのみならず、水素還元製鉄のように製造プロセスそのものの脱炭素化にも貢献し得るなど、産業部門の脱炭素化を可能とするエネルギー源として期待される。」としています。

2) 民生部門における対応

民生部門に対しては、「既築住宅・建築物についても、省エネルギー改修や省エネルギー機器導入等を進めることで、2050年に住宅・建築物のストック平均でZEH・ZEB基準の水準の省エネルギー性能が確保されていることを目指す。」としています。なお、「ストック平均でZEH・ZEB基準の水準の省エネルギー性能が確保」とは、「ストック平均で住宅については一次エネルギー消費量を省エネルギー基準から20%程度削減、建築物については用途に応じて30%又は40%程度削減されている状態」としています。

また、ZEH（ネット・ゼロ・エネルギー・ハウス）とは、「20%以上の省エネルギーを図った上で、再生可能エネルギー等の導入により、エネルギー消費量を更に削減した住宅について、その削減量に応じて、①『ZEH』（100%以上削減）、②Nearly ZEH（75%以上100%未満削減）、③ZEH Oriented（再生可能エネルギー導入なし）」と定義されています。

一方、ZEB（ネット・ゼロ・エネルギー・ビル）とは、「50%以上の省エネルギーを図った上で、再生可能エネルギー等の導入により、エネルギー消費量を更に削減した建築物について、その削減量に応じて、①『ZEB』（100%以上削減）、②Nearly ZEB（75%以上100%未満削減）、③ZEB Ready（再生可能エネルギー導入なし）」と定義されています。なお、「30～40%以上の省エネルギーを図り、かつ、省エネルギー効果が期待されているものの、建築物省エネ法に基づく省エネルギー計算プログラムにおいて現時点で評価されていない技術を導入している建築物のうち1万m^2以上を④ZEB Oriented」と定義しています。

なお、「クリーンエネルギー戦略中間整理（経済産業省）」では、建築物省エネ法における対策を強化し、2025年度までに、図表6. 10に示すように、小規模建築物および住宅の省エネ基準への適合を義務化する、としています。

図表6. 10　省エネ基準適合義務の強化

	建築物（非住宅）	住宅
大規模（2,000 m^2 以上）	適合義務	2025年度までに適合義務化
中規模（300 m^2 以上 2,000 m^2 未満）	適合義務	
小規模（300 m^2 未満）	2025年度までに適合義務化	2025年度までに適合義務化

［出典：クリーンエネルギー戦略中間整理（経済産業省）］

3）運輸部門における対応

乗用車については、「2035年までに、新車販売で電動車100％を実現できるよう、電動車・インフラの導入拡大、電池等の電動車関連技術・サプライチェーン・バリューチェーンの強化等の包括的な措置を講じる。」としています。

商用車については、「8 t以下の小型の車について、2030年までに、新車販売で電動車20～30％、2040年までに、新車販売で電動車と合成燃料等の脱炭素燃料の利用に適した車両で合わせて100％を目指し、乗用車と同様に包括的な措置を講じるなど、電動化・脱炭素化を推進する。」としています。

物流分野全体としては、「デジタル化の推進やデータ連携によるAI・IoT等の技術を活用したサプライチェーン全体での大規模な物流効率化、省力化を通じたエネルギー効率向上も進めていくことが必要である。」と提言しています。

船舶分野の脱炭素化については、「ゼロエミッション船の商業運航を従来の目標である2028年よりも前倒しで実現することを目指し、（中略）LNG燃料船、水素燃料電池船、EV船を含め、革新的省エネルギー技術やデジタル技術等を活用した内航近代化・運航効率化にも資する船舶の技術開発・実証・導入促進を推進する。」と示しています。

航空分野の脱炭素化については、「①機材・装備品等への新技術導入、②管制の高度化による運航方式の改善、③持続可能な航空燃料（SAF：

Sustainable Aviation Fuel）の導入促進、④空港施設・空港車両のCO_2排出削減等の取組を推進するとともに、空港を再生可能エネルギー拠点化する方策を検討・始動し、官民連携の取組を推進する。」と示しています。

(2) 水素・アンモニアの活用

電化によるエネルギー利用が難しいものや運輸部門などについては、水素の活用が進められるものとエネルギー白書2023では示しています。そのため、一般的な水素ステーションで100円/Nm^3で販売されている水素の供給コストを、2030年には30円/Nm^3にし、2050年には20円/Nm^3以下に低減して、長期的には化石燃料と同等の水準まで低減することを目指すとしています。供給量についても、現在約200万トン／年と推定されるものを、2030年には最大300万トン／年、2050年には2,000万トン／年程度まで拡大することを目指すとしています。水素エネルギーの価値の1つとして、まず多様なエネルギー源から製造が可能であるため、エネルギーセキュリティの観点から優れている点があります。なお、化石燃料ベースで製造された水素をグレー水素、二酸化炭素回収・利用・貯留と組み合わせた化石燃料ベースで製造された水素をブルー水素、再生可能エネルギー由来の水素をグリーン水素と呼びます。日本国内だけでは必要な水素をすべて賄うことはできないことから、安価な水素を長期的に、安定的かつ大量に供給するために、海外で製造された安価な水素の活用を図るため、2030年までに国際水素サプライチェーンと余剰再エネ等を活用した水電解装置による水素製造の商用化を目指すとしています。水素は燃料電池自動車の燃料として使われるだけではなく、タービンを用いた水素発電にも使われるようになるとしています。

また、水素を使ってアンモニアを製造して、そのアンモニアを火力発電で混焼し、発電燃料として使う方法も有力とされています。理由は、アンモニアの燃焼であれば、既存の石炭火力発電所のバーナー等を変えるだけで対応できますので、初期投資を最小限に抑えながらCO_2排出量の削減に貢献できるからです。なお、アンモニアは火力発電の燃料として利用するだけでなく、船舶用燃料や工業炉、燃料電池などにも活用できます。アンモニアに関しては、2030年までに石炭火力発電で20%のアンモニア混焼を目標にしています。その目標から、2030年には年間300万トンの国内需要を想定しており、それを実現するために、現在の天然ガス価格を下回る10円/Nm^3−H_2台後半での供給を目指しています。2050年には、国内需要として年間3,000万トンを想定している、としています。

2022年5月に経済産業省から公表された「クリーンエネルギー戦略中間整理」では、水素とアンモニアの用途を図表6. 11のように示しています。

図表6. 11　水素・アンモニアの用途

用途（大分類）	用途（中分類）	水素	アンモニア
電力	石炭火力への混焼・専焼		○
	ガス火力への混焼・専焼	○	
非電力（燃料）	熱利用（工業炉等）	○	○
	船舶等用のエンジン	○ （短～中距離）	○ （長距離）
	モビリティ・定置用等用の燃料電池	○	
非電力（原料）	水素還元製鉄	○	
	基礎化学品合成	○	

［出典：クリーンエネルギー戦略中間整理（経済産業省）］

水素を扱った問題例として、177ページに掲載した令和5年度Ⅰ－1の問題があります。

4. 安全確保

安全な製品を世に出すということは機械部門においては、基本となっています。それに加えて、長期間使い続ける中で安全を確保することも重要な考え方です。

(1) 機械類の安全性を確保するための国際標準規格

機械分野の安全に関しては、ISO 12100という機械類の安全性を確保するための国際標準規格があり、ISO 12100では、用語を次のように定義しています。

① 信頼性

機械、コンポーネントまたは設備が指定の条件のもとで、ある定められた期間にわたって故障せずに要求される機能を果たす能力

② 保全性

“意図する使用”の条件下で、機能を果たすことのできる状態に機械を維持できるか、または指定の方法で、指定の手段を用いて必要な作業（保全）を行うことにより、機能を果たすことのできる状態に機械を復帰させることができる能力

③ 使用性

機械の機能を容易に理解できることを可能にする特質または特性等によってもたらされる、容易に使用できる機械の能力

④ リスクアセスメント

リスク分析およびリスクの評価を含むすべてのプロセス

⑤ 危険源

危害を引き起こす潜在的根源

⑥ 本質的安全設計方策

ガードまたは保護装置を使用しないで、機械の設計または運転特性を

変更することによって、危険源を除去するまたは危険源に関連するリスクを低減する保護方策

⑦ 安全防護

本質的安全設計方策によって合理的に除去できない危険源、または十分に低減できないリスクから人を保護するための安全防護物の使用による保護方策

⑧ 安全機能

故障がリスクの増加に直ちにつながるような機械の機能

⑨ 使用上の情報

使用者に情報を伝えるための伝達手段（例えば、文章、語句、標識、信号、記号、図形）を個別に、または組み合わせて使用する保護方策

また、一般的な保護方策として、設計者によって講じられるものと、使用者によって講じられるものがありますが、ISO 12100では設計者によって講じられる方策を規定しています。設計者によって講じられる方策は、次の3つのステップで行われるとされています。

① 本質的安全設計方策

② 安全防護及び付加保護方策

③ 使用上の情報

なお、使用者によって講じられる方策としては次のものがあります。

ⓐ 組織（安全作業手順、監督、作業許可システム）

ⓑ 追加安全防護物の準備および使用

ⓒ 保護具の使用

ⓓ 訓練

世界の中でも災害の要因が多く存在している我が国にとって、災害から安全性を確保することは、事前に考えなければならない設計者共通の問題といえます。インフラ・機械設備の老朽化に伴い、機械設備の安全性を確保するために維持管理手法や改修対策の検討が必要となりますので、機械技術者として関心をもって現在の状況や今後の動向に注目する必要があると考えます。過去の試

験問題でRBI／RBMに関連する設問が出題されていますので、設備の老朽化に伴いメンテナンスコストを削減しつつ、安全性を確保していくことが社会のニーズとして求められていることによる設問です。

（2）安全側面―規格への導入指針（JIS Z 8051）

JIS Z 8051では、「安全」を「許容不可能なリスクがないこと」と定義しており、「本質的安全設計」を、「ハザードを除去する及び／又はリスクを低減させるために行う、製品又はシステムの設計変更又は操作特性を変更するなどの方策」と定義しています。なお、「ハザード」を「危害の潜在的な源」、「許容可能なリスク」を「現在の社会の価値観に基づいて、与えられた状況下で、受け入れられるリスクのレベル」と定義しています。また、「許容可能なリスクの達成のためには、それぞれのハザードについてのリスクアセスメント及びリスク低減の反復プロセスが必須である。」としており、図表6．12に示すプロセスを示しています。

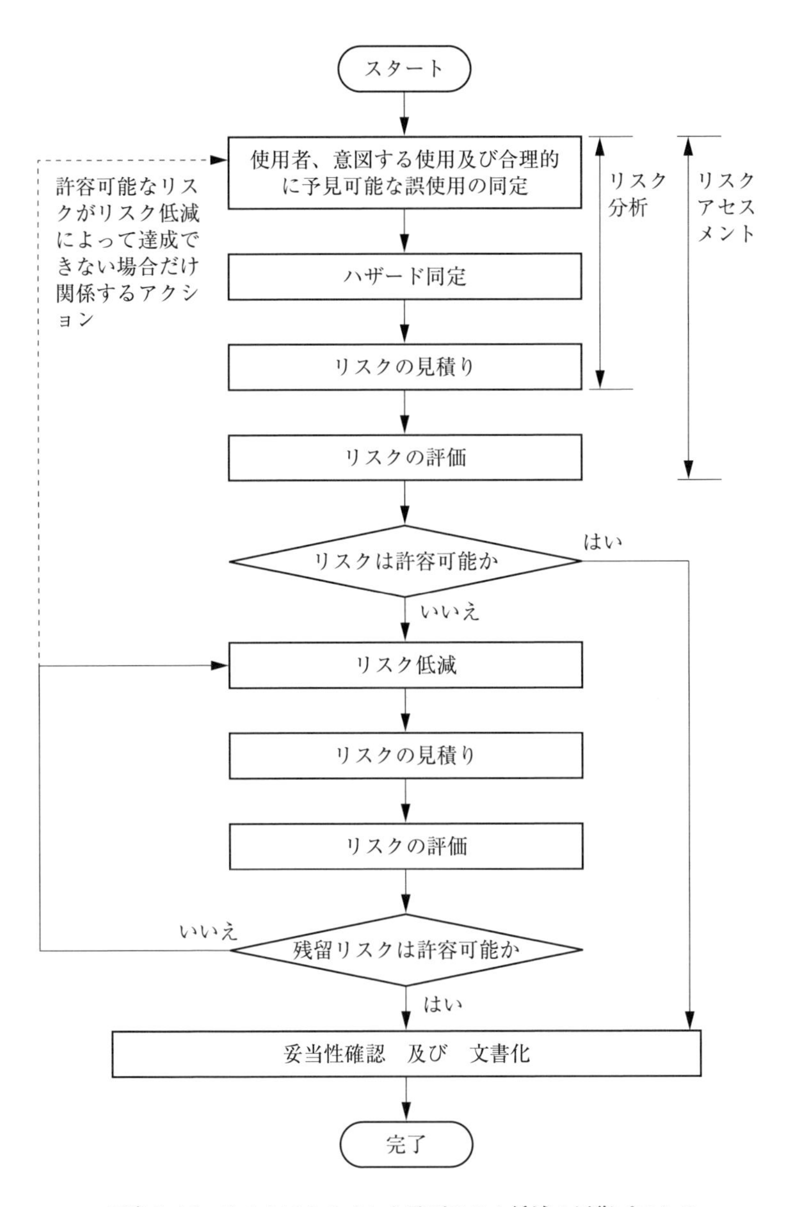

図表6. 12　リスクアセスメント及びリスク低減の反復プロセス

なお、JIS Z 8051では、「全ての製品及びシステムにはハザードが含まれており、このため、あるレベルの残留リスクを含んでいる。したがって、これらのハザードに関連するリスクは、許容可能なレベルにまで低減することが望ましい。」としています。また、リスク低減については、設計段階と使用段階にわけて図表6. 13のように方策を示しています。

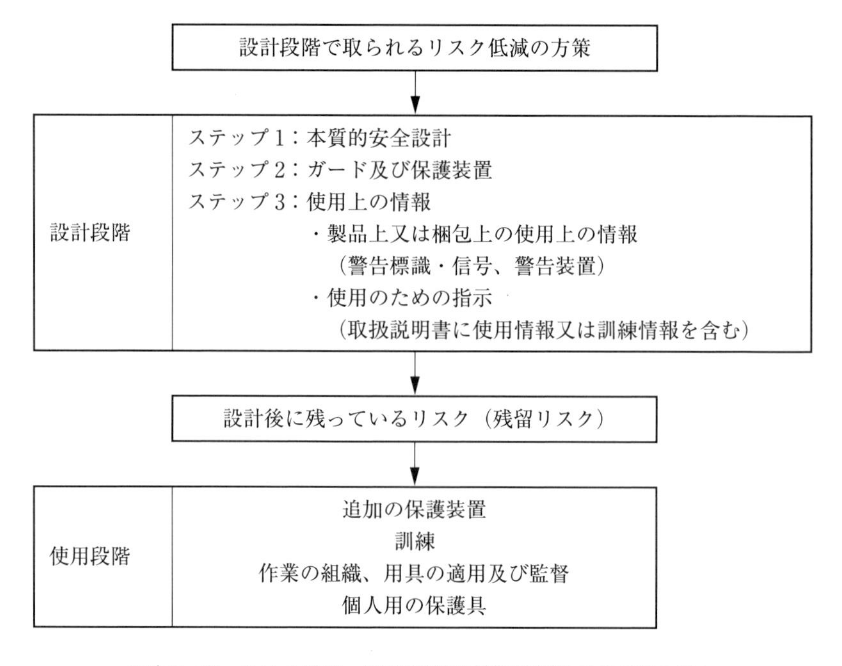

図表6. 13　リスク低減―設計段階及び使用段階での両者の努力

図表6. 13に示すとおり、設計段階におけるリスクを低減するための優先順位を次のように示しています。

① 本質的安全設計

② ガード及び保護装置

③ 最終使用者のための使用上の情報

(3) 保全活動

設備やシステムの故障率は、その設備やシステムを使用した時間によっても変化していきますので、時期に合わせた設備管理が求められます。一般的に、機器やシステムは導入初期に高い故障率を示しますので、その期間を初期故障期と呼んでいます。その期間を過ぎると、故障率はある一定値以下に収まりますので、その期間を偶発故障期と呼んでいます。さらに、機器やシステムが長く使われた後には、劣化によって再び故障率が増加していきます。その期間を摩耗故障期と呼んでいます。そのような現象を図で表すと、図表6.14のようになりますが、その形状から、この現象をバスタブカーブと呼んでいます。

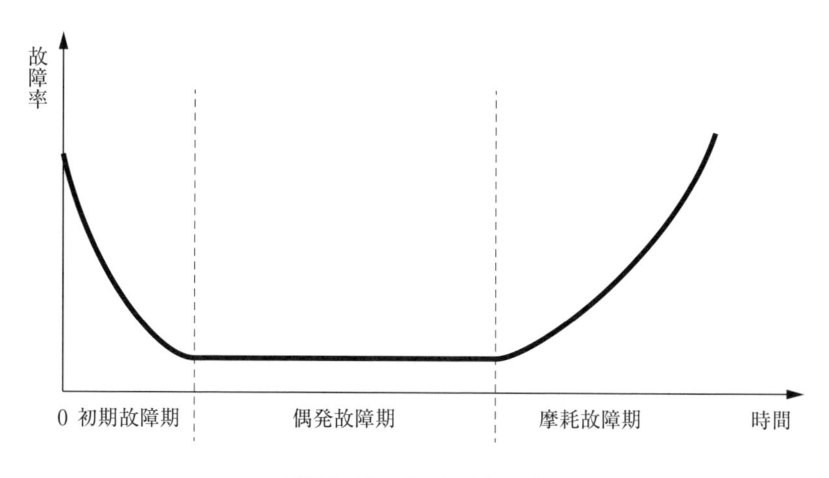

図表6.14　バスタブカーブ

設備やシステムにおいては、その保全が事故や故障の予防に大きな効果をもたらします。保全の役割は基本的に2つあり、最初が、設備やシステムの機能を適切に維持する役割で、次が、システムに発生した故障や欠陥を修復するという役割になります。

保全については、JIS Z 8141で言葉の定義がなされており、「故障の排除及び設備を正常・良好な状態に保つ活動の総称」と示されています。その備考に、保全活動を分類すると、図表6.15のようになると説明されています。

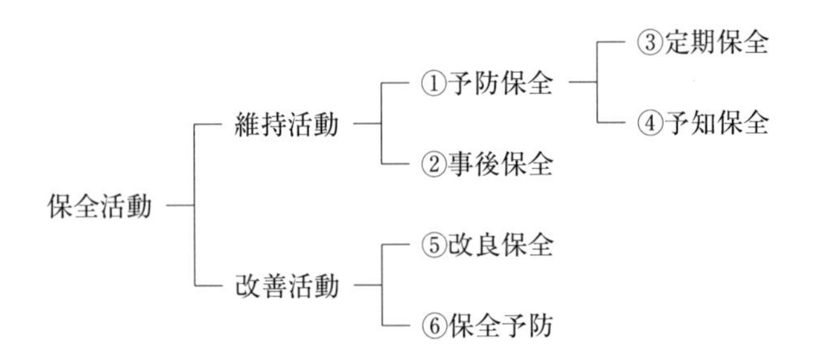

図表6. 15　JIS Z 8141に示された保全活動の体系

また、それぞれの保全活動の意味は次のように説明されています。

① 予防保全

故障に至る前に寿命を推定して、故障を未然に防止する方式の保全

② 事後保全

設備に故障が発見された段階で、その故障を取り除く方式の保全

③ 定期保全

従来の故障記録、保全記録の評価から周期を決め、周期ごとに行う保全方式

④ 予知保全

設備の劣化傾向を設備診断技術などによって管理し、故障に至る前の最適な時期に最善の対策を行う予防保全の方法

⑤ 改良保全

故障が起こりにくい設備への改善、又は性能向上を目的とした保全活動

⑥ 保全予防

設備、系、ユニット、アッセンブリ、部品などについて、計画・設計段階から過去の保全実績又は情報を用いて不良や故障に関する事項を予知・予測し、これらを排除するための対策を織り込む活動

また、これら以外に、JIS Z 8141およびJIS Z 8115では、次のような保全も示されています。

ⓐ　日常保全

設備の性能劣化を防止する機能を担った日常的な活動。劣化進行速度をゆるやかにするための日常的な諸活動の総称（JIS Z 8141）

ⓑ　経時保全

アイテムが予定の累積動作時間に達したとき、行う予防保全（JIS Z 8115）

ⓒ　状態監視保全

状態監視に基づく予防保全（JIS Z 8115）

ⓓ　時間計画保全

定められた時間計画に従って遂行される予防保全（JIS Z 8115）

保全を扱った問題例として以下のものがあります。

○　機械設備の安全性の向上及び保全費用の軽減を目的として、従来の時間基準保全からリスク情報に基づく設備保全へ変更を図ることとなった。リスク情報に基づく設備保全の導入を担当する技術者の立場から、次の問いに答えよ。　　　　　　（令和4年度　材料強度・信頼性Ⅲ－2）

(1) 具体的な設備を想定して着目するリスクを示し、そのリスク情報に基づく設備保全の導入における課題を3つ抽出し、それぞれの観点を明記したうえで、その課題の内容を示せ。

(2) 前問の（1）で抽出した課題の中で最も重要と考える課題を1つ挙げ、その課題に対する解決策を2つ以上示せ。

(3) 専門技術を踏まえて、リスク情報に基づく設備保全に移行した場合の懸念事項を示せ。

(4) 社会インフラの健全性

日本経済を支えてきたものの1つである社会資本整備であり、資本ストックの主要部門には下記の17部門があります。

主要17部門

①道路、②港湾、③空港、④鉄道、⑤住宅、⑥下水道、⑦廃棄物処理、⑧水道、⑨都市公園、⑩文教施設、⑪治水、⑫治山、⑬海岸、⑭農業・林業・漁業、⑮郵便、⑯国有林、⑰工業用水道

このような社会資本では、機械装置や機器が多く使われています。具体的な社会資本の構成要素の例を、図表6. 16に示します。

図表6. 16　社会資本の構成要素例

中　項　目	小　項　目
構造物	道路、橋梁、鉄道、トンネル、水処理場、空港、発電所、通信施設、変電所、ごみ処理場、校舎、港湾、鉄塔、排水路、暗きょなど
設備	照明設備、通信設備、信号設備、変電設備、空調設備、熱源設備、監視設備、共同溝、ケーブル類など
付属物	防護柵、案内看板、標識類、管理車両、保守車両、教育備品、家具類、遊具など
関連システム	配電システム、中央指令システム、管制システム、道路案内システム、安全システムなど

図表6. 16に示すように、ハード関係だけではなくソフト産業も含めて、関連する産業が広い範囲に及ぶのがわかります。そういった社会資本を整備するために投資が縮小される傾向がありますが、社会資本の不具合が発生すると、その影響は広範囲かつ膨大な損害を生じさせます。

社会インフラの健全性を扱った問題例として、183ページに掲載した令和5年度Ⅰ－2の問題があります。

(5) 信頼性の確保

信頼性については、ISO 12100では「機械、コンポーネントまたは設備が指定の条件のもとで、ある定められた期間にわたって故障せずに要求される機能を果たす能力」として規定されています。

信頼性設計は、装置やシステムまたはそれらを構成する要素や部品が使用開始から設計寿命までのライフサイクル期間を通して、ユーザーが要求する機能を満足するために、故障や性能の劣化が発生しないように考慮して設計する手法です。

信頼性設計の目指すところは、製品のライフサイクルで以下の項目に対応することです。

① 故障が発生しないようにする。

② 故障が発生しても機能が維持できるようにする。

③ 故障が発生してもただちに補修できるようにする。

信頼性設計にはいくつかの手法がありますが、ここではフェイルセーフ設計、フールプルーフ設計と冗長性設計について、以下にその概要を記述します。

なお、これら以外の手法としては、FMEA (failure mode and effect analysis)、FTA (fault tree analysis)、信頼度予測、設計審査などがあります。FMEAとFTAは、設計段階で対象とする装置・システムの故障の原因を抽出する手法として広く活用されています。

(a) フェイルセーフ設計

フェイルセーフ設計とは、機械や装置では故障が必ず起こるという考えで、誤操作や誤動作によって機械に障害が発生した場合、被害を最小限にとどめるように常に安全側に制御できるように考慮して設計する手法です。例としては、以下のようなものがあります。

① ボイラーの安全弁は、ボイラーが異常運転になり内部の蒸気の圧力が最大使用圧力を超えると作動して、ボイラー本体の破壊事故を未然に防止します。

② 石油ストーブには、転倒すると自動的に消火する装置が設置されています。

(b) フールプルーフ設計

フールプルーフ設計とは、人間は偶発的なミスを犯すことを前提にして、人間が誤って操作しても機械が作動しないように設計する手法です。フールプルーフを直訳すれば「愚か者にも耐えられる」です。日本語では馬鹿除けまたは馬鹿避けとも言います。その意味するところは、「何の知識をもたない者が取り扱っても事故には至らないようにする。」ということです。例としては、以下のようなものがあります。

① 洗濯機や脱水機は、フタを閉めないと回転しません。

② 電子レンジは、ドアを閉めなければ加熱できません。

③ オートマチック車は、フットブレーキを踏んで安全を確保しなければギアが入りません。

(c) 冗長性設計

冗長性設計とは、機械のある部分が故障しても運転が続けられるように、余分に機器や装置を組み入れておくことです。

機械やシステムに故障したときに作動する二重の対策化を装備しておき、システム全体の信頼性を増加させる手法を冗長性といいます。機械は多くの部品から構成されていて、部品のひとつが破損しても機械全体が連鎖的に停止してしまう場合がありますが、このようなことが起きないために、部品故障があっても他の部品によって機能を代替できるようにすることです。そのために、故障をあらかじめ考慮した部品を構成した機械とすることで、信頼度を高めることができます。適用例としては、二重化した安全装置など多数あります。

5. 製造業の現況

製造業においては、様々な変化が生じており、今後、それらに対応する方策が欠かせない状況となってきています。

（1） 少子高齢化社会

我が国では、2022年10月1日現在で、65歳以上が総人口に占める割合（高齢化率）が29.0％となりました。しかし、これで終わりではなく、さらに高齢化率は上昇を続け、2030年には30.8％にまで達すると予想されており、2065年には38.4％になると想定されています。高齢化率が7％から14％までに達する年数は、フランスが115年、スウェーデンが85年、ドイツが40年なのに対して、日本は24年しかありませんでした。このように、現状の高齢化率が高いのも問題ですが、高齢化に至るまでのスピードが著しく速かったのも大きな問題となっています。一方、出生数は減少を続けており、年少（0～14歳）人口は2056年に1,000万人を割り2065年には898万人にまで減少すると想定されています。生産年齢（15～64歳）人口は2029年に7,000万人を割り、2065年には4,529万人になると推計されています。一方、高齢者の就業率については、2022年時点で、65～69歳で50.8％、70～74歳で33.5％、70歳以上で11.0％にも上っています。また、2020年時点の65歳以上の一人暮らしの男性は15.0％、女性は22.1％となっており、2040年には男性は20.8％、女性は24.5％になると想定されています。

最近では、多くの分野で人不足の問題が顕在化していますが、機械部門においても、後継者不足という問題が大きな課題となってきています。

こういった現状を背景にして起きつつある課題を題材とした例としては、185ページに掲載した令和2年度Ⅰ－1の問題があります。

(2) ものづくり

令和5年6月に公表された2023年版ものづくり白書では、製造業に関わる変化として、次の3点を挙げています。

① ロシアによるウクライナ侵攻等による国際情勢の不安定化に伴う、サプライチェーン寸断リスクの高まり

② 脱炭素の実現に向けた世界的な気運の高まり

③ 約11万人の人手不足、原材料やエネルギー価格高騰に伴う生産コスト削減・適正な価格転嫁の重要性増加

上記事項に対して、重要となる取組として、次の3点を示しています。

Ⓐ 迅速な生産計画の変更・資源の再配分によるサプライチェーンの強靭化・生産能力の安定的確保

Ⓑ サプライチェーン全体のカーボンフットプリントの把握

Ⓒ 省人化・自動化による生産性の向上・省エネ化

ただし、これらの取組については、個社単位での対策は困難・非効率であり、デジタル技術による、サプライチェーンに係る事業者全体の取組の可視化・連携が重要としています。

また、製造業のビジネス環境の変化として、2つの変化を指摘しています。

(a) デジタル化・標準化による水平分業の進展

これまで、我が国の製造業は、設計・開発・製造・販売等の機能を自社で垂直統合的に確保し、すり合わせに強みを持っていました。しかし、最近では、標準化・デジタル化の進展で、製品設計のみならず、生産ライン設計や現場のオペレーションも形式知化され、これらの生産機能を外部に提供するビジネスも登場し、水平分業が進展しているとしています。それにより、参入障壁も下がり、新規参入が加速していると指摘しています。

(b) サプライチェーンの見える化・ダイナミック化

我が国では、取引関係が既存の企業間で固定的であり、それが、平時においては高い生産性を発揮していたと示しています。一方で、顧客のニーズにスピーディに応えるとか、災害等の有事において調達先を動的に変えていくためには、個社やグループを超えたデータ共有を通じた最適化を図っていくことが必要になると指摘しています。それに加えて、SDGsの

観点からも、サプライチェーン全体でCO_2排出量や人権保護等の情報を把握していくことも必要となってきていると示しています。

なお、我が国におけるDXの状況と課題として、2022年のデジタル競争力ランキングの総合順位が評価対象63カ国のうち過去最低の29位であり、分野別では、「ビッグデータの活用と分析」や「企業の敏捷性」等で最下位となっていると警鐘を鳴らしています。また、企業間の生産プロセスや流通状況、CO_2の見える化に関する企業間のデータ連携については、必要性を認識している一方で、実際に着手できている企業の割合は小さいと指摘しています。

現在では、先進国の中では、経済安全保障の重要性が高まっており、我が国でも2022年に経済安全保障推進法が成立し、重要物資の安定的な供給の確保に向けて、図表6. 17に示す11物資を「特定重要物資」として指定しました。

図表6. 17　特定重要物資

抗菌性物質製剤	肥料	永久磁石
工作機械及び産業用ロボット	航空機の部品	半導体
蓄電池	クラウドプログラム	可燃性天然ガス
重要鉱物	船舶の部品	

上記の項目の中から、特定重要物資の1つである半導体に関して出題された問題としては次の例があります。

○　半導体ICを用いた電気電子機器と組み合わせた機械や製品は普及して久しい。製品を製造する工場におけるサーボモーターをはじめとしたFA機器や、自動車などの輸送機器、家電製品からPCやスマートフォンなどの情報機器まで多岐にわたる。一方で、災害、戦争、セキュリティ、世界的な疫病や、市場で求められる製品の需要の急激な変化から半導体ICの供給不安が突然に発生する。このとき、入手可能な代替の半導体ICを用いて、それを用いるメカトロニクス製品の生産の継続を図るに当たり、この業務を推進する技術者として以下の問いに答えよ。

（令和5年度　機構ダイナミクス・制御Ⅲ－1）

(1) メカトロニクス製品を1つ想定して、代替の半導体ICを採用するうえでの課題を、設計や評価や製造に関する従来からの変更点を挙げることで、技術者として多面的な観点から3つ抽出し、それぞれの観点を明記したうえで、その課題の内容を示せ。
(2) 前問(1)で抽出した課題のうち最も重要と考える課題を1つ挙げ、これを最も重要とした理由を述べよ。その課題に対する複数の解決策を、設計・評価・製造へ反映すべき項目として、専門技術用語を交えて示せ。
(3) 前問(2)で示した解決策に関連して新たに浮かび上がってくる将来的な懸念事項とそれへの対策について、専門技術を踏まえた考えを示せ。

6. 科学技術

令和3年3月に第6期科学技術・イノベーション基本計画が公表されました。第5期計画ではSociety 5.0が提唱されましたが、第6期計画では、これを国内外の情勢変化を踏まえて具体化させていく必要があるとしています。なお、Society 5.0は、狩猟社会（Society 1.0）、農耕社会（Society 2.0）、工業社会（Society 3.0）、情報社会（Society 4.0）に続く、「サイバー空間（仮想空間）とフィジカル空間（現実空間）を高度に融合させたシステムにより、経済発展と社会的課題の解決を両立する、人間中心の社会（Society）」とされています。

（1）我が国が目指す社会（Society 5.0）

本計画では、我が国が目指す社会を、「直面する脅威や先の見えない不確実な状況に対し、持続可能性と強靭性を備え、国民の安全と安心を確保するとともに、一人ひとりが多様な幸せ（well−being）を実現できる社会」とまとめています。

(a) 国民の安全と安心を確保する持続可能で強靭な社会

本計画では、国民の安全と安心を確保する持続可能で強靭な社会を次のように示しています。

> 我が国の社会や国民生活は、災害、未知の感染症、サイバーテロなど様々な脅威にさらされているとともに、我が国を取り巻く安全保障環境が一層厳しさを増しており、国民の大きな不安の根源の一つとなっている。また、これらの脅威に加え、米中による技術覇権争いの激化、国際的なサプライチェーンの寸断リスクや技術流出のリスクが顕在化するなど、安定的かつ強靭な経済活動を確立することも求められており、我が国の技術的優越の維持・確保が鍵となる。
>
> さらに、環境問題については、人間活動の増大が、地球環境へ大きな負

荷をかけており、気候変動問題や海洋プラスチックごみ問題、生物多様性の損失などの様々な形で地球環境の危機をもたらしている。今を生きる現世代のニーズを満たしつつ、将来の世代が豊かに生きていける社会を実現するためには、食品ロス問題をはじめとする従来型の大量生産・大量消費・大量廃棄の経済・社会システムや日常生活を見直し、少子高齢化や経済・社会の変化に対応した社会保障制度等の国内における課題の解決に向け、環境、経済、社会を調和させながら変革させていくことが不可欠となっている。

（後略）

(b) 一人ひとりの多様な幸せ（well−being）が実現できる社会

本計画では、一人ひとりの多様な幸せ（well−being）が実現できる社会を次のように示しています。

（前略）

Society 5.0の世界で達成すべきものは、経済的な豊かさの拡大だけではなく、精神面も含めた質的な豊かさの実現である。そのためには、誰もが個々に自らの能力を伸ばすことのできる教育が提供されるとともに、その能力を生かして働く機会が多数存在し、さらには、より自分に合った生き方を選択するため、同時に複数の仕事を持つことや、仮に失敗したとしても社会に許容され、途中でキャリアを換えることも容易であるといった環境が求められる。しかも、そうした働き方によって、生活の糧が得られるとともに、家族と過ごせる時間や趣味や余暇を楽しめる時間が十分に確保されなければならない。

また、多くの国民が人生100年時代に健やかで充実した人生を送るため、健康寿命の延伸だけでなく、いくつになっても社会と主体的に関われるような、いわば「社会参加寿命（社会と主体的に関わることができる期間の平均）」の延伸に取り組むことが求められる。

（後略）

(2) Society 5.0の実現に必要なもの

本計画では、Society 5.0の実現に必要なものとして次の3つを挙げています。

(a) サイバー空間とフィジカル空間の融合による持続可能で強靭な社会への変革

『鍵となるのが、Society 5.0の前提となる「サイバー空間とフィジカル空間の融合」という手段と、「人間中心の社会」という価値観である。Society 5.0では、サイバー空間において、社会のあらゆる要素をデジタルツインとして構築し、制度やビジネスデザイン、都市や地域の整備などの面で再構成した上で、フィジカル空間に反映し、社会を変革していくこととなる。その際、高度な解析が可能となるような形で質の高いデータを収集・蓄積し、数理モデルやデータ解析技術によりサイバー空間内で高度な解析を行うという一連の基盤（社会基盤）が求められる。』と示しています。

(b) 新たな社会を設計し、価値創造の源泉となる「知」の創造

『新たな社会を設計し、その社会で新たな価値創造を進めていくためには、多様な「知」が必要である。特にSociety 5.0への移行において、新たな技術を社会で活用するにあたり生じるELSIに対応するためには、俯瞰的な視野で物事を捉える必要があり、自然科学のみならず、人文・社会科学も含めた「総合知」を活用できる仕組みの構築が求められている』と示しています。

なお、ELSI（Ethical, Legal and Social Implications / Issues）は、倫理的・法的・社会的な課題をいいます。また、総合知とは、『自然科学の「知」や人文・社会科学の「知」を含む多様な「知」が集い、新しい価値を創造する「知の活用」を生むこと。』とされています。総合知の活用に向けては、『属する組織の「矩（のり）」を超え、専門領域の枠にとらわれず、多様な知を持ち寄るとともに、十分に時間をかけて課題を議論し、「知」を有機的に活用することで、新たな価値や物の見方・捉え方を創造するといった「知の活力」を生むアプローチが重要』とされています。

(c) 新たな社会を支える人材の育成

『Society 5.0時代には、自ら課題を発見し解決手法を模索する、探究的な活動を通じて身につく能力・資質が重要となる。世界に新たな価値を生み出す人材の輩出と、それを実現する教育・人材育成システムの実現が求められる。』としています。また、『直接本物に触れる経験が減少していく中、Aを含むSTEAM教育等を通して、直接本物に触れる経験を積み重ね、感性や感覚を磨いていくことが一層重要になる。』と示しています。なお、STEAM教育は、Science、Technology、Engineering、Art (s)、Mathematics等の各教科での学習を実社会での問題発見・解決に生かしていくための教科等横断的な教育です。

(3) Society 5.0の実現に向けた科学技術・イノベーション政策

本計画では、Society 5.0の実現に向けた科学技術・イノベーション政策として次の内容が挙げられています。

(a) 国民の安全と安心を確保する持続可能で強靭な社会への変革

① サイバー空間とフィジカル空間の融合による新たな価値の創出

② 地球規模課題の克服に向けた社会変革と非連続なイノベーションの推進

③ レジリエントで安全・安心な社会の構築

④ 価値共創型の新たな産業を創出する基盤となるイノベーション・エコシステムの形成

⑤ 次世代に引き継ぐ基盤となる都市と地域づくり (スマートシティの展開)

⑥ 様々な社会課題を解決するための研究開発・社会実装の推進と総合知の活用

(b) 知のフロンティアを開拓し価値創造の源泉となる研究力の強化

① 多様で卓越した研究を生み出す環境の再構築

② 新たな研究システムの構築 (オープンサイエンスとデータ駆動型研究等の推進)

③ 大学改革の促進と戦略的経営に向けた機能拡張

(c) 一人ひとりの多様な幸せと課題への挑戦を実現する教育・人材育成

① 探究力と学び続ける姿勢を強化する教育・人材育成システムへの転換

サイバーフィジカルシステムをテーマとして出題された問題としては次の例があります。

> ○ 少子高齢化により人手不足・熟練従業員退職が進展する中、設計現場・製造現場での属人化排除・実技継承が大きな問題となっている。また、地球温暖化対策に加え、エネルギーコストが上昇する中、省エネルギーやカーボンニュートラルへの対応が求められている。
>
> 一方、デジタル化による生産性変革やコスト削減、働き方改革が叫ばれる中、効率化、自動化、省人化を図るため、サイバーフィジカルシステム（CPS）を活用したデジタルツインによる対応が進んでいる。
>
> このような状況において、現場における属人化排除のための紙やデータによるマニュアル化は進められているが、日本のお家芸である「カイゼン」と呼ばれるような製造現場が自主的に行う改善活動・現場の知識を、データとしてCPSへ取り込み、デジタルツインを精緻化することで、グローバル競争優位性を確保していくことが急務となっている。
>
> （令和5年度　機械設計Ⅲ－2）
>
> (1) 担当する機械製品や製造ラインを具体的に示し、技術者の立場で、「現場の知識」をデジタルツインに導入するための具体的な課題を多面的な観点から3つを抽出し、それぞれの観点を明記したうえで、課題の内容を示せ。
>
> (2) 前問（1）で抽出した課題のうち最も重要と考える課題を1つ挙げ、最も重要と考えた理由とその課題に対する複数の解決策を示せ。
>
> (3) 前問（2）で示したすべての解決策を実行しても新たに生じうるリスクとそれへの対策について、専門技術を踏まえた考えを示せ。

7. 戦略的イノベーション創造プログラム（SIP）

戦略的イノベーション創造プログラム（SIP）とは、内閣府総合科学技術・イノベーション会議が司令塔機能を発揮して、府省の枠や旧来の分野を超えたマネジメントにより、科学技術イノベーション実現のために創設した国家プロジェクトです。令和3年12月に内閣府の科学技術・イノベーション推進事務局が公表した、令和5年度から開始される次期戦略的イノベーション創造プログラム（SIP）において、次のような課題が挙げられています。

（1）次期SIPの課題

次期SIPでは、『我が国が目指す社会像「Society 5.0」の実現に向けて、従来の業界・分野の枠を越えて、革新技術の開発・普及や社会システムの改革が求められる領域をターゲット領域として設定する。』としており、次のような課題を挙げています。（出典：内閣府資料「次期SIPの課題候補の選定について」）

① 豊かな食が提供される持続可能なフードチェーンの構築

食料安全保障やカーボンニュートラル、高齢化社会への対応に向けて、食料の調達、生産、加工・流通、消費の各段階を通じて、豊かさを確保しつつ、生産性向上と環境負荷低減を同時に実現するフードチェーンを構築する。

② 統合型ヘルスケアシステムの構築

患者や消費者のニーズに対し、医療・ヘルスケア等の限られたリソースを、デジタル化や自動化技術で最大限有効かつ迅速にマッチングするシステムを構築する。

③ 包摂的コミュニティプラットフォームの構築

性別、年齢、障がいなどに関わらず、多様な人々が社会的にも精神的にも豊かで暮らしやすいコミュニティを実現するため、プライバシーを完全に保護しつつ、社会活動への主体的参加を促し、必要なサポートが得られる仕組みを構築する。

④　ポストコロナ時代の学び方・働き方を実現するプラットフォームの構築

ポストコロナ社会に向けて、オンラインでも対面と変わらない円滑なコミュニケーションができ、地方に住んでいても大都市と変わらない教育や仕事の機会が提供され、さらに、多様な学び方、働き方が可能な社会を実現するためのプラットフォームを構築する。

⑤　海洋安全保障プラットフォームの構築

世界有数の海洋国家である我が国にとって安全保障上重要な海洋の保全や利活用を進めるため、海洋の各種データを収集し、資源・エネルギーの確保、気候変動への対応などを推進するプラットフォームを構築する。

⑥　スマートエネルギーマネジメントシステムの構築

地域において、地域が有する資源や生活形態に応じて、エネルギーの製造、輸送、使用までの各段階での省エネ、再エネ利用、バッテリー・水素利用を最適に設計管理し、CO_2排出を最小化するとともに、安定供給を実現するマネジメントシステムを構築する。

⑦　サーキュラーエコノミーシステムの構築

大量に使用・廃棄されるプラスチック等の資源循環を加速するため、設計・製造段階から販売・消費、分別・回収、リサイクルの段階までのデータを統合し、サプライチェーン全体として環境負荷を最小化するシステムを構築する。

⑧　スマート防災ネットワークの構築

気候変動等に伴い災害が頻発・激甚化する中で、災害前後に、地域の特性等を踏まえ災害・被災情報（災害の種類・規模、被災した個人・構造物・インフラ等）をきめ細かく予測・収集・共有し、個人に応じた防災・避難支援、自治体による迅速な救助・物資提供、民間企業と連携した応急対応などを行うネットワークを構築する。

⑨　スマートインフラマネジメントシステムの構築

インフラ・建築物の老朽化が進む中で、デジタルデータにより設計から施工、点検、補修まで一体的な管理を行い、自動化、省人化、長寿命化を推進するハード面も含むシステムを構築する。

⑩　スマートモビリティプラットフォームの構築

移動する人・モノの視点から、移動手段（小型モビリティ、自動運転、MaaS、ドローン等）、交通環境のハード、ソフトをダイナミックに一体化し、安全で環境に優しくシームレスな移動を実現するプラットフォームを構築する。

⑪　AI・データの安全・安心な利活用のための基盤技術・ルールの整備

AIの利活用の拡大に当たっては、データの品質と計算能力を向上させるとともに、プライバシー、セキュリティ、倫理などが課題として挙げられる。

データの安全・安心な流通を確保しつつ、様々なステークホルダーのニーズに柔軟に対応できるデータ連携基盤を構築することが期待されている。

AI戦略の見直しを踏まえ、取り組むべき課題を具体化する。

⑫　先進的量子技術基盤の社会課題への応用促進

量子コンピュータの社会実装に向けて、アニール、ゲート、シリコン各方式に応じて、また、古典コンピュータと組み合わせることで、社会課題の解決に適用することが期待されている。

量子技術イノベーション戦略の見直しを踏まえ、取り組むべき課題を具体化する。

⑬　マテリアルプロセスイノベーション基盤技術の整備

大学・国研が有するマテリアルデータを構造化し利活用を推進するとともに、マテリアルプロセスイノベーション拠点において物理、化学、バイオなど各種プロセスの試作・評価を行う。

⑭　人協調型ロボティクスの拡大に向けた基盤技術・ルールの整備

人の生活空間でのロボティクスの利用拡大が見込まれる中で、ドアを開ける、モノを運ぶ、階段を登るなどのタスクに応じて、マニピュレータなどの必要な機能を提供するためのハード・ソフトのプラットフォームを構築するとともに、人へのリスク評価手法などについて検討を行う。

⑮　バーチャルエコノミー拡大に向けた基盤技術・ルールの整備

GAFAMを中心として、バーチャルエコノミーが拡大する中で、バーチャル空間での個人認証・プライバシー等のルール、バーチャル空間とつなぐ技術として5感、BMIの標準化、バーチャル社会の心身への影響、社会システム設計などについて検討を行う。

上記の項目の中から、自動運転をテーマに関して出題された問題としては次の例があります。

○ 自動車の自動運転は事故防止、交通流の改善、環境負荷の低減などの観点から大きな効果が期待され、開発が進められている。下表は官民ITS構想で示されたロードマップ2019より抜粋した自動運転のレベル分けである。同表のように、レベル4は特定の条件下においてシステムが全ての運転タスクを実施する完全自動運転であるのに対して、レベル3は通常の動作はレベル4と同様であるが、システムの対応が困難な場合はドライバーに対応を委ねるものである。現在はレベル3の実用化が始まった段階といえるが、この技術を発展させ、レベル4に進めることについて以下の問いに答えよ。

（令和4年度　機構ダイナミクス・制御Ⅲ－1）

(1) レベル4の自動運転の開発について、技術者の立場から多面的に検討し、レベル3との比較において難度が高いと考えられる課題を3つ挙げよ。

(2) 上記（1）の課題のうち、最も重要と考える技術的課題を1つ挙げ、取り上げた理由と具体的な解決策を複数示せ。

(3) 前問（2）で示したすべての解決策を実行しても新たに生じうる問題と対策について、専門技術を踏まえた考えを示せ。

自動運転のレベル分け

レベル5	【完全自動運転】
レベル4	【特定条件下(注1)での完全自動運転】 ・特定の条件下においてシステムが全ての運転タスクを実施 ・システムが周辺監視(アイズオフ可)(注2)
レベル3	【特定条件下(注1)での自動運転】 ・特定の条件化においてシステムが全ての運転タスクを実施。ただし、システムの対応が困難な場合はドライバーが対応 ・システムが周辺監視(アイズオフ可)(注2)
レベル2	【高度な運転支援】 (自動の追い越し支援等) ・ドライバーが周辺監視(アイズオフ不可)(注2)
レベル1	【運転支援】 (衝突被害軽減ブレーキ等) ・ドライバーが周辺監視(アイズオフ不可)(注2)

(注1) 場所(高速道路のみ等)、天候(晴れのみ等)、速度など自動運転が可能になる条件であり、この条件はシステムの性能によって異なる。

(注2) アイズオフ:運転中に前方から目を離してもよい技術。

8. ムーンショット型研究開発

令和5年版科学技術・イノベーション白書によると、『ムーンショット型研究開発制度は、超高齢化社会や地球温暖化問題など重要な社会課題に対し、人々を魅了する野心的な目標（ムーンショット目標）を国が設定し、挑戦的な研究開発を推進する国の大型研究プログラムです。全ての目標は「人々の幸福(Human Well-being)」の実現を目指し、掲げられています。』と示されています。

将来の社会的課題を解決するために、以下の3つの領域から、具体的な9つの目標を決定しています。

【領域】

社会：急進的イノベーションで少子高齢化時代を切り拓く。

環境：地球環境を回復させながら都市文明を発展させる。

経済：サイエンスとテクノロジーでフロンティアを開拓する。

9つの目標については、『ムーンショット型研究開発制度が目指すべき「ムーンショット目標」について』の資料から引用したものですが、目標1から目標6までの内容は令和2年1月に、総合科学技術・イノベーション会議が公表した資料、目標7の内容は令和2年7月に健康・医療戦略推進本部が公表した資料、目標8と目標9の内容は令和3年9月に総合科学技術・イノベーション会議が公表した資料から抜粋したものです。

(1) 目標1：2050年までに、人が身体、脳、空間、時間の制約から解放された社会を実現

〈ムーンショットが目指す社会〉

・人の能力拡張により、若者から高齢者までを含む様々な年齢や背景、価値観を持つ人々が多様なライフスタイルを追求できる社会を実現する。

・サイバネティック・アバターの活用によってネットワークを介した国際的なコラボレーションを可能にするためのプラットフォームを開発し、様々な企業、組織及び個人が参加した新しいビジネスを実現する。
・空間と時間の制約を超えて、企業と労働者をつなぐ新しい産業を創出する。
・プラットフォームで収集された生活データに基づく新しい知識集約型産業やそれをベースとした新興企業を創出する。
・人の能力拡張技術とAIロボット技術の調和の取れた活用により、通信遅延等にも対応できる様々なサービス（宇宙空間での作業等）が創出される。

(2) 目標2：2050年までに、超早期に疾患の予測・予防をすることができる社会を実現

〈ムーンショットが目指す社会〉

・従来のアプローチで治療方法が見いだせていない疾患に対し、新しい発想の予測・予防方法を創出し、慢性疾患等を予防できる社会を実現する。
・疾患を引き起こすネットワーク構造を解明することで、加齢による疾患の発症メカニズム等を明らかにし、関連する社会問題を解決する。
・疾患の発症メカニズムの解明により、医薬品、医療機器等の、様々な医療技術を発展させ、我が国の健康・医療産業の競争力を強化する。

(3) 目標3：2050年までに、AIとロボットの共進化により、自ら学習・行動し人と共生するロボットを実現

〈ムーンショットが目指す社会〉

・ゆりかごから墓場まで、人の感性、倫理観を共有し、人と一緒に成長するパートナーAIロボットを開発し、豊かな暮らしを実現する。
・実験結果のビッグデータから新たな仮説を生成し、仮説の検証、実験を自動的に行い、新たな発見を行うAIロボットを開発することによって、これらにより開発された医薬品や、技術等による、豊かな暮らしを実現する。

・月面、小惑星等に存在する地球外資源の自律的な探索、採掘を実現する。
・農林水産業、土木工事等における効率化、労働力の確保、労働災害ゼロを実現する。
・災害時の人命救助から復旧までを自律的に行うAIロボットシステムを構築し、人が快適に暮らせる環境をいつでも迅速に取り戻すことができる社会を実現する。
・AIロボット技術と人の能力拡張技術の調和の取れた活用により、AIロボットが得た情報等を人にフィードバックし、新しい知識の獲得や追体験等を通じた様々なサービスが創出される。

上記の項目の中から、地球外活動に関して出題された問題例として、190ページに掲載した令和4年度Ⅰ－1の問題があります。

(4) 目標4：2050年までに、地球環境再生に向けた持続可能な資源循環を実現

〈ムーンショットが目指す社会〉

・温室効果ガスや環境汚染物質を削減する新たな資源循環の実現により、人間の生産や消費活動を継続しつつ、現在進行している地球温暖化問題と環境汚染問題を解決し、地球環境を再生する。

(5) 目標5：2050年までに、未利用の生物機能等のフル活用により、地球規模でムリ・ムダのない持続的な食料供給産業を創出

〈ムーンショットが目指す社会〉

・地球規模でムリのない食料生産システムを構築し、有限な地球資源の循環利用や自然循環的な炭素隔離・貯留を図ることにより、世界的な人口増加に対応するとともに地球環境の保全に貢献する。
・食品ロスをなくし、ムダのない食料消費社会を実現する。
・人工的物質に依存しない、地球本来の生物・自然循環が円滑に機能する社会を実現する。

(6) 目標6：2050年までに、経済・産業・安全保障を飛躍的に発展させる誤り耐性型汎用量子コンピュータを実現

〈ムーンショットが目指す社会〉

・量子コンピュータを含む量子技術を応用し、様々な分野で革新を生み出し、知識集約型社会へのパラダイムシフトや既存の社会システムを変革する。

・目標の達成とその過程においてスピン・オフ、スピン・アウトする量子技術により、産業競争力の強化、革新的な医療と健康管理、デジタル情報時代の安全とセキュリティを確保する。

・材料開発では、詳細な機能分析により、既存材料の性能を最大化するとともに、新しい性能を持つ材料の開発を加速する。

・エネルギー分野では、高精度量子化学計算による窒素固定法や高効率人工光合成法の原理を解明するとともに、工学的応用手法を開発する。

・創薬分野では、より大きな分子系における量子化学シミュレーションにより新薬の発見を促進し、合理化されたワークフローによってコストを削減する。

・経済分野では、迅速でエネルギー消費の少ない逐次大規模計算により、短期的ポートフォリオの最適化と長期的リスク分析に対応する。

・輸送、交通等の物流分野では、巡回セールスマン問題等の最適化問題を解き、サプライチェーンとスケジューリングの合理化による交通渋滞を緩和する。

・大規模シミュレーションとAIによる天気予報の精度の向上、災害の早期警報、企業価値の高精度予測及び金融商品の取引戦略の強化を実現する。

上記の項目の中から、輸送分野に関して出題された問題として、145ページに掲載した令和5年度　機械設計Ⅲ－1の問題があります。

(7) 目標7：2040年までに、主要な疾患を予防・克服し100歳まで健康不安なく人生を楽しむためのサステイナブルな医療・介護システムを実現

〈ムーンショットが目指す社会〉

・一人ひとりが将来の健康状態を予測しながら、健康な生活に自発的に取り組むことができるとともに、日々の生活のあらゆる導線に、健康に導くような仕掛けが埋め込まれている。
・医療・介護者のスキルの多寡にかかわらず、少ない担い手で誰に対しても不安無く質の高い医療・介護を提供できることで、住む場所に関わらず、また災害・緊急時でも、必要十分な医療・介護にアクセスできる。
・心身機能が衰え、ライフステージにおける様々な変化に直面しても、技術や社会インフラによりエンパワーされ、不調に陥らず、一人ひとりの「できる」が引き出される。

(8) 目標8：2050年までに、激甚化しつつある台風や豪雨を制御し極端風水害の脅威から解放された安全安心な社会を実現

〈ムーンショットが目指す社会〉
・台風や豪雨の高精度予測と能動的な操作を行うことで極端風水害の被害を大幅に減らし、台風や豪雨による災害の脅威から解放された安全安心な社会を実現する。

(9) 目標9：2050年までに、こころの安らぎや活力を増大することで、精神的に豊かで躍動的な社会を実現

〈ムーンショットが目指す社会〉
・過度に続く不安・攻撃性を和らげることが可能になることで、こころの安らぎをより感じられるようになる。また、それぞれの寛容性が高まり、人生に生きがいを感じ、他者と感動・感情を共有し、様々なことに躍動的にチャレンジできる活力あるこころの状態の獲得が可能になる。
・人が互いにより寛容となることで、差別・攻撃（いじめやDV、虐待等）、孤独・うつ・ストレスが低減する。それにより、精神的なマイナス要因も解消され、こころの病が回復し、一層の社会・経済的発展が実現される。
・本研究で得られた知見を核とする新しい産業が国内外に拡大する。

第7章

「業務内容の詳細」の対処法

受験申込書に記載する「業務内容の詳細」も試験委員に評価される文章となります。また、口頭試験ではこの「業務内容の詳細」に記載された中から質問がいくつかありますので、技術士試験問題の解答の1つとも言えます。そこで、口頭試験で失敗しないためにここでポイントを説明しておきます。

1. 受験する選択科目と専門とする事項の選定方法

受験者がこの「業務内容の詳細」を作成するのは受験申込書を提出するときですから、まだ筆記試験さえも受験していない時点です。しかし、この「業務内容の詳細」が口頭試験の資料として使われるようになっていて、口頭試験で試験委員が試問する内容やポイントを決める重要な資料になっています。

そのため、ここで口頭試験の目的を再度確認しておきます。口頭試験の評価項目は、第1章第4節の図表1. 11に示したとおりですので再確認いただくとして、これらの内容は受験者が技術士としてふさわしい資質と、高等な専門的応用能力を有している技術者かどうかを試す試験です。

また、日本技術士会が公表している令和5年度の「技術士第二次試験受験申込み案内」に記載されている「業務内容の詳細」についての説明では、『業務内容の詳細（「目的」、「立場と役割」、「技術的内容及び課題」、「技術的成果」など）を、受験申込書に記入した「専門とする事項」を踏まえ、720字以内（図表は不可。半角文字も1字とする。）で、簡潔にわかりやすく整理して枠内に記入する。』となっています。

これらのことから、受験申込書の実務経験証明書および「業務内容の詳細」に記載すべき内容は、筆記試験の問題にすれば「高等の専門的応用能力が必要であった業務を5つ挙げて、その中から代表的な業務を1つ選択して専門とする事項に関して高等な専門的応用能力を発揮した内容を踏まえて720字以内で述べよ。」となります。

このような点から考えると、受験する選択科目と専門とする事項をどのように決めるのか、それが重要であることが理解できると思います。著者が指導した受験者の中にも、選択科目と専門とする事項がふさわしくないことから、変更させて合格した方が何人かいます。ある方は某受験講座で2年間受験して連続して不合格となり、著者の受験講座に移って再チャレンジしたのですが、「業務内容の詳細」を拝見したところ「これでは永久に合格できない」と指摘して、選択科目と専門とする事項を変更してもらって受験しました。その結果、その年に合格したことがありました。このように、「業務内容の詳細」に記載する内容は、選択科目と専門とする事項に密接に関係していると言えます。また、過去にも受験者から質問が多くあったのは、「受験する選択科目と専門とする事項をどのように決めるのか？」です。

そこで、どのように選択科目と専門とする事項を決めるのか、その具体的な方法を説明します。

(1) 選択科目の内容を確認

最初に選択科目の内容を確認します。その内容とは、第1章の図表1. 2に記載した選択科目の内容ですが、重要なので以下に図表7. 1として再度記載しておきます。

図表7. 1　機械部門の選択科目

選択科目	選択科目の内容
機械設計	設計工学、機械総合、機械要素、設計情報管理、CAD（コンピュータ支援設計）・CAE（コンピュータ援用工学）、PLM（製品ライフサイクル管理）その他の機械設計に関する事項
材料強度・信頼性	材料力学、破壊力学、構造解析・設計、機械材料、表面工学・トライボロジー、安全性・信頼性工学その他の材料強度・信頼性に関する事項
機構ダイナミクス・制御	機械力学、制御工学、メカトロニクス、ロボット工学、交通・物流機械、建設機械、情報・精密機器、計測機器その他の機構ダイナミクス・制御に関する事項
熱・動力エネルギー機器	熱工学（熱力学、伝熱工学、燃焼工学）、熱交換器、空調機器、冷凍機器、内燃機関、外燃機関、ボイラ、太陽光発電、燃料電池その他の熱・動力エネルギー機器に関する事項
流体機器	流体工学、流体機械（ポンプ、ブロワー、圧縮機等）、風力発電、水車、油空圧機器その他の流体機器に関する事項
加工・生産システム・産業機械	加工技術、生産システム、生産設備・産業用ロボット、産業機械、工場計画その他の加工・生産システム・産業機械に関する事項

「専門とする事項」は、この図表の「選択科目の内容」の中から受験者が日頃の業務で実施しているものを選択します。高等な専門的応用能力を発揮した内容は、具体的な業務を実施していなければ、その詳細が記載できないからです。

なお、この内容に記載がなければ、例えば機械設計の場合には「その他の機械設計に関する事項」として具体的な対象事項を記載することになります。著者の場合であれば「圧力容器」を専門としていますので、機械設計で受験するのであれば専門とする事項は「圧力容器の設計」となります。材料強度・信頼性で受験する場合には「圧力容器」となります。どちらにするのかは、下記の(2) で説明します。著者が過去に受験指導した方で同じ業務をしていた方ですが、1名は機械設計「圧力容器の設計」、もう1名は材料強度・信頼性「圧力容器」で受験して、両名とも合格しています。ただし、専門とする事項を「その他の機械設計に関する事項」と記載するのは絶対にしてはいけません。

このように、例えば「○×△加工機」を業務としている方であれば、加工・生産システム・産業機械の「○×△加工機」、機械設計の「○×△加工機の設計」あるいは材料強度・信頼性の「○×△加工機の強度と構造解析」、機構ダイナミクス・制御の「○×△加工機の機構と制御」の4つの選択科目の選択肢が考えられます。

(2) 選択科目の過去問題を調べる

選択科目と専門とする事項が、1つしかないと決めた受験者はそれで決まりですが、上記 (1) 項で説明したように、2つあるいは3つの選択科目の可能性がある受験者は、どちらにするのか決める必要があります。

その方法ですが、過去問題を見てどの選択科目にするのかを決めます。具体的には、可能性のある2つあるいは3つの選択科目の過去問題を少なくても5年ぶん調べてください。過去問題は、日本技術士会のホームページから見ることができます。それぞれの選択科目の過去問題を見て、「現状で解答できそうなものは○印」、「少し調べれば解答できそうは△印」、「解答できないものは×印」を付けます。○は2点、△は1点、×は0点として点数を付けてみて、点数が多い選択科目で決めるのがよいと考えます。著者が受験指導した方の中には、この方法で合格した方が何人かいます。

また、第1章の図表1. 3に「対受験者数比」の合格率を示していますので、これも参考にして合格率が高い選択科目を選定する、という方法も検討してください。

このように、選択科目の過去問題や合格率などから、受験する選択科目を決めます。それが確定したらその選択科目に見合った「専門とする事項」が決まります。

2.「業務内容の詳細」記載時の留意点

受験申込書に記載する業務経歴には、5つの業務を記載できる欄があります。この5つの業務経歴から1つを選択して「業務内容の詳細」を記載することになりますが、その記載時の留意事項を説明しておきます。

第1項で説明したように、「業務内容の詳細」は口頭試験で試験委員が試問する資料となりますので、十分に検討してから作成する必要があります。毎年口頭試験では20％程度の筆記試験合格者が不合格となっていますが、口頭試験で不合格となると来年また最初からやり直しとなるため、口頭試験でも合格を勝ち取るためには、ここでしっかりとした対策を講じる必要があります。

(1) 業務経歴として記載する内容

5項目すべてに具体的な業務の案件名称を記載してください。ここには、「高等の専門的応用能力が必要であった業務」であることを示す必要があります。また、できる限り「専門とする事項」がわかるような内容にして、その専門家であることをアピールしてください。すなわち、「業務内容」の欄に「高等の専門的応用能力が必要であった業務」あるいは「専門とする事項」を記載する、ということになります。20年近い経験を持っている受験者は、5項目ではすべての業務経歴を記載できないでしょうから、過去の古い経験は大括りし、最近の経歴を詳細に記載するようにしてください。特に、「業務内容の詳細」に記載する項目は、詳細の内容ができるだけわかるように、タイトルをつけるつもりで、業務の内容に記載する必要があります。

なお、過去の受験者の皆さんから『具体的な業務内容を記載すると公開されて客先や勤務先などで問題になりませんか？』という質問がありましたが、受験申込書は技術士会の内部のみで使用され、またこの資料を見た関係者には守秘義務があるため、公開されることはありません。そのため、具体的な客先名や工事名などを記載したほうが、試験委員にアピールできます。

(2) 業務の内容にふさわしいものとは

著者が過去に実施した講習会などで受験者から『業務の内容と「業務内容の詳細」に記載するふさわしい業務とはどのようなものですか？』との質問を多く受けました。その回答は、技術士法の第2条に明確に示されていますので、それを抜粋してみます。

> 第2条（定義）
>
> この法律において「技術士」とは、第32条第1項の登録を受け、技術士の名称を用いて、科学技術（人文科学のみに係るものを除く。以下同じ。）に関する高等の専門的応用能力を必要とする事項についての計画、研究、設計、分析、試験、評価又はこれらに関する指導の業務（他の法律においてその業務を行うことが制限されている業務を除く。）を行う者をいう。

内容としてふさわしいのは、一重のアンダーラインを引いた部分の、「科学技術に関する計画、研究、設計、分析、試験、評価」に係る業務となります。具体的には、以下の例のように計画、研究、設計、分析、試験あるいは評価という言葉を必ず記載してください。

例1：○×△の計画

例2：○○△の設計

例3：×○△に関する研究

例4：△×○に関する分析および評価

なお、「業務内容の詳細」を記述する際には、この条文の6つの項目のどの項目について記述しているのかを自分でしっかり自覚する必要があります。記述する文字数が720字以内に制限されているため、例えば「設計」と「開発」という複数の項目について記述しようとすると、必然的に浅い内容になってしまい、試験委員が業務の深さを感じなくなります。そうなると、口頭試験の試問で細かく突っ込まれた場合、本来の試問が時間切れでできなくなり、評価点が低くなる可能性があります。

(3) テーマの選択

「業務内容の詳細」を記載するためには、まず記載する業務のテーマを選定しなければなりません。どの業務を取り上げるかは、受験者自身が選択して記述しますので、自分が一番得意とする「専門とする事項」について、高等な専門的応用能力を発揮できた業務を選定することになります。先輩や上司からの指示でやったとか、業務マニュアルに従って実施した、というような業務では、この「業務内容の詳細」を記載する対象には絶対になりません。特許を取得した方であれば、特許明細書を作成したことがあると思いますが、同様な内容のことを記載する必要があります。特許を取得した経験がない方でも、以下のような観点から考えれば、一つくらいは適合する業務があるのではないかと推察します。このような業務を記載しなければ合格するのは厳しいと言えます。

例1：問題点があり自分で工夫した方法で解決した業務

例2：従来の方法から改良して技術を使って実施した業務

例3：受験者が考えた独創的な方法により実施した業務

例4：○×△により経済的、省エネルギーなど効果が得られた業務

例5：安全性の確保、信頼性の向上が図れた業務

(4) アピールポイントの意識

口頭試験において、「業務内容の詳細」に関する試問で評価される点は、その業務で受験者が高等な専門的応用能力を発揮しているかどうかです。前記の(2) 項で示した技術士法第2条の定義で示した、二重線を引いた「高等の専門的応用能力を必要とする事項」という点です。ですから、アピールポイントはそれが示されている部分になります。「業務内容の詳細」に記述できる文字数は720文字しかありませんので、このアピールポイントをうまく説明できるように、記述内容の構成を考える必要があります。そのため、選択科目の項目でも説明したように、項目をどのようにするかを検討する必要があります。

肝心の内容ですが、実施した業務の内容が手順書やマニュアルどおりにやったものでは、「高等の専門的応用能力を必要とする事項」としては全く評価されません。実際の業務において様々な難しい条件があった、過去にトラブルを起こしていた、客先から無理難題を言われて過去に経験がない業務を実施した、

というような業務のうちで、どういった新しい工夫を実施したのかが、「高等の専門的応用能力を必要とする事項」として評価される内容になります。一番好ましいのは、「特許を出願（取得）した」というような業務ですが、そのような方は少ないと思われますので、以下のような業務を考えればよいでしょう。

①過去にトラブルや不具合があったものを新しい方法で改良・改善した業務
②今まで実施していなかった新しい方法を考案して遂行した業務
③従来の技術や製品に対して改良を加えて経済性や安全性を向上させた業務
④他の分野で成功した事例を改良して自分の業務に取り入れて実施したもの
⑤複数の手法を組み合わせて新しい効果を生み出した業務

3.「業務内容の詳細」の記載項目

日本技術士会が毎年公表している「技術士第二次試験受験申込み案内」では、「業務内容の詳細」についての説明項目があります。令和2年度までの「技術士第二次試験受験申込み案内」では、具体的な記載例が掲載されていました。その例を以下に示します。

【記入例１】

業務内容の詳細

当該業務での立場、役割、成果等
立場と役割 ○○○○プロジェクト××××建設業務（期間：XXXX年XX月～XX年XX月）のうち、△△△△に建設した輸出用大型原油タンクの鋼板設計、溶接設計及び□□のタンクメーカーへの建設全体の指導の業務を本業務責任者として行った。 業務上の課題 最新の国際基準を満たした国際大型プロジェクトの仕様と、□□国内法規に固執した□□建設業者の施工法をうまく調和させるという課題があった。□□人技術者、監督者、作業者の気質を理解しながら、彼らを納得させ、世界的に最新鋭な大型原油タンクの、設計から現場施工の完成までを指導せざるを得なかった。 技術的な提案 ◇◇◇◇という極寒冷地（－XX℃の設計仕様）で建設、運転される大型原油タンク（容量999.999KL）の鋼板に、世界で初めて▽▽▽（ABCDE12345）を採用した。また、現場の側板（最大99MMT）の立向き溶接に半自動溶接を採用し、建設工程の短縮化を図った。 技術的成果 □□国内法（YYY, ZZZ）を順守することはもちろん、「FGHIJK」などの国際規格を満足する最新仕様の原油タンクを□□に建設した意義は大きい。□□のタンクメーカーからは、世界的な技術競争力を得られた貢献で感謝状を受領し、□□□□からは高品質なタンクを安全に建設したことで評価された。

この記載例では、「立場と役割」、「業務上の課題」、「技術的な提案」と「技術的成果」を項目に分けて記載するようになっていました。

令和3年度以降の「技術士第二次試験受験申込み案内」では、この具体的な記載例がなくなり、記載する項目として、『「目的」、「立場と役割」、「技術的内容及び課題」、「技術的成果」など』と記載されています。ここで、「技術的成果など」、の「など」がポイントになると思います。令和2年度以前の記載例や「高等な専門的応用能力が必要」という観点から、「業務内容の詳細」の記載項目には、「技術的な提案」も入れるべきと考えます。

もちろん、取り上げる業務によって記述内容の構成は変わってきますが、720字以内という少ない文字数を考慮すると、例として次のような記述構成が考えられます。

①業務の目的（75字程度）

②私の立場と役割（75字程度）

③技術的内容と課題（200字程度）

④技術的な提案（200字程度）

⑤技術的成果（150字程度）

なお、③と④の記述では、定性的に記述するより、数値などは定量的に具体的に記載する必要があると考えます。

このように「業務内容の詳細」を記述するのはそんなに簡単ではない、ということがわかっていただけたと思います。自分が実務経験証明書に記述した業務経歴の中から1つの業務を選択して、720字以内でこれらすべての項目の内容を記述し、しかも試験委員に「高等な専門的応用能力を発揮した」という技術的な提案や技術的成果が十分にアピールできるようにしなければいけません。受験申込書は、一度提出すると差替えや変更などは一切できませんので、受験申込書の作成には結構な時間がかかるものと考える必要があります。

4. 「業務内容の詳細」の記入例

これまでに説明した内容を具体的に示すため、機械部門の各選択科目による「業務内容の詳細」の記入例を以下に記載しますので参考にしてください。これらの記載例は、実際に受験して合格された方々の協力によって作成しました。

(1) 機械設計　専門とする事項：医療機器の開発設計

業務内容の詳細

当該業務での立場、役割、成果等
【業務の目的】従来より設置面積を大幅に減少させた医療用XYZ装置（注記参照）を開発する。 【私の立場と役割】機械系設計業務における技術的責任者の立場で開発設計を行なった。 【業務上の課題】本装置は、検査室にスキャナと寝台、操作室に操作卓と電源ユニットを設置する。操作室が狭い小規模病院では、設置面積の約半分を占める電源ユニット（約1 m^2）が操作室内を圧迫していた。設置面積縮小の要望を背景に、スキャナと電源ユニットの統合を開発目標に掲げた。この達成のためには、スキャナ内部の部品搭載量を増加し、且つスタンドなどスキャナ支持機構がIEC規格に準拠する強度（静荷重に対して安全率4以上）を確保するという課題があった。 【技術的な提案】装置内部に点在する部品配置に着目して、スキャナ中央の撮影用開口部を右側にオフセットし、左右非対称構造のスキャナを設計した。左側スタンドに部品を集約して空間を効率良く利用することで、部品搭載量を増加した。また起倒動作するスキャナの可動側部品を静止側へ配置し、可動側を軽量化してスタンドへの負荷荷重を低減した。小型化が必要な右側スタンドは、従来の箱型断面構造から厚板を使用したH型断面構造を採用することで、スタンド内部への部品搭載とIEC規格に準拠する強度を両立した。一方、過度な集約は重心が偏り輸送時の安全性が低下し、また着脱作業が煩雑となり保守性が低下するため、故障実績や保守頻度が少ない部品は分散配置して従来同等の安全性・保守性を維持した。 【技術的成果】以上の提案により、従来のスキャナと同じ外形寸法のまま電源ユニットをスキャナに統合した。その結果、操作室内の設置面積を50%削減し、小規模施設への設置が可能となった。

注記：ここでは、実際の技術士試験の合格者の受験申込書に記載された装置名の代わりに「XYZ装置」としています。個人の特定ができないようにしました。

(2) 材料強度・信頼性　専門とする事項：反応器の構造設計

業務内容の詳細

当該業務での立場、役割、成果等
【業務の目的】反応器の内部品において従来採用されていたリブ形状のコニカル構造から、製作性・安全性と経済性を考慮した新たな構造に改良する。 【私の立場と役割】本件の業務において、反応器の構造設計の主担当者の立場で業務を遂行した。 【技術的内容及び課題】この内部品には、触媒の重量とともに差圧が作用する。また、下部から流入する水素を分散させるために軸方向に沿ったリブ形状の構造部材が必要であった。従来採用されている構造は、縦リブ形状の部材が同心円状に配置されていて、強度と水素の分散目的を兼ねていた。リブ形状の部材で強度を保持するため、荷重と差圧による曲げモーメントにより強度が決まるため部材が大きくなり、重量が過大で経済性のみならず製作が非常に難しいという課題があった。 【技術的な提案】縦リブをすべて削除して、コニカル構造全体を薄肉コニカル円筒に変更することを提案した。コニカル円筒であれば強度上の計算式は膜応力として検討できるため、製作が容易となり、経済性にも効果があると考えからである。なお、プロセス性能を確保するために必要であった下部から流入する水素を分散させる軸方向に沿ったリブ形状の構造部材は、10 mm 程度の板として別途設けることにした。すなわち、強度部材はコニカル円筒とし、水素を分散させる部品はその目的のみで配置した。 【技術的成果】提案した構造によって 2 号機を製作したが、1 号機に比べて重量は約 50% に減少した。また、プロセス性能についてはモックアップ試験により確認したところ、従来の構造よりも水素の分散性が向上することがわかった。

(3) 機構ダイナミクス・制御　専門とする事項：回転機械の制御

業務内容の詳細

当該業務での立場、役割、成果等
【業務の目的】回転数制御する大容量冷却水ポンプ（複数台設置）の自動運転制御の設計を行う。 【私の立場と役割】システム設計主担当者として、運転制御システムの設計を実施した。 【技術的内容及び課題】インバータによる回転数制御及びポンプ台数制御により、需要変動に対応した省エネ運転を実現する業務である。また、ポンプ起動・停止時の圧力変動を、適切な回転数制御により抑え、安定供給を行うが、大容量のポンプは特性が斜流となり、運転可能範囲が定格流量の80%から120%と狭いため、この運転可能流量範囲を満足するよう運転制御システムを構築する必要があった。 【技術的な提案】需要側の要求に対し、配管系内各所に設置する圧力計と流量計の数値より、適切なポンプ運転台数およびポンプ出口圧を選定するロジックを考案した。これにより、最適な省エネ運転が可能となった。さらに、予想される需要変動に対して配管系内の流体運動の動解析を実施し、ポンプの運転・停止も含め、配管系内の流量や圧力変動の状態を把握し、これに基づき適切なポンプ運転制御方式を考案・確立した。ポンプの運転可能範囲（80%～120%）を満足するためには、ミニマムフローバイパスが必要になるが、ミニマムフロー運転はエネルギー損失につながる。それに対して、ポンプ運転制御方式を適切に設計することにより、このミニマムフロー運転を最短に抑え、高度な省エネ運転が可能となった。 【技術的成果】提案したポンプ運転制御システムにより、高度な省エネ運転を実現した。完成時には、試運転に立合い、制御システムの有効性を確認した。

(4) 熱・動力エネルギー機器　専門とする事項：熱交換器

業務内容の詳細

当該業務での立場、役割、成果等
【業務の目的】石油精製設備において硫黄分を水素化脱硫して低硫黄重油を製造する装置の空冷式熱交換器を設計・製作する業務である。 【私の立場と役割】この業務において、主任技術者として業務を遂行した。 【技術的内容及び課題】設計を担当した空冷式熱交換器は、高温で高圧の炭化水素と水素が混合された気体を冷却する目的で設置されるものである。この空冷式熱交換器の管板とチューブの取付部溶接部は、応力腐食割れを防止するために溶接後の熱処理が必要である。この熱処理は、電気マット等を使って加熱する通常の局部焼鈍方式ではフィン部への熱移動が大きくなるので、フィン部に使用されているアルミニウム材に損傷を与える危険性があるという問題点があった。 【技術的な提案】それを解決する別の方法として高周波誘導加熱方式があるが、実際に採用するには工夫が必要であった。その方法を見つけるために実機と同寸法の試験機を製作して、最も効果的な操作方法を検証した。その実加熱試験の結果、2つの条件で熱処理を実施すると、アルミニウム材のフィンに影響を与えず、目的の熱処理が実施できることが判明した。①加熱コイルと被加熱部との距離は5 mmとなるように治具を固定する。②出力と時間は、プログラムコントローラーにより制御させてある条件で保持する。 【技術的成果】この方法により、空冷式熱交換器チューブ取付溶接部の熱処理が、高周波誘導加熱方法により実施できるようになった。

(5) 流体機器　専門とする事項：LNG液化設備における流体機械全般の設計

業務内容の詳細

当該業務での立場、役割、成果等
【業務の目的】某国（注記参照）向け天然ガス液化設備の基本設計（FEED）において、主冷凍圧縮機の設計及び施工計画を立案する業務である。 【私の立場と役割】上記記載の業務において、主担当者として業務を遂行した。 【技術的内容及び課題】主冷凍圧縮機は、構成する補機及び付属品（配管、計装品、電気品等）の種類が多い複雑なシステムであるため、通常は、工事現場において長期間の組立及び試運転が必要となる。 一方、某国での建設費高騰から、出荷前に機器の組立及び試運転を最大限に実施して、現場組立工事を最短にするように設計及び施工計画を立てる必要があった。 【技術的な提案】出荷後の据付・試運転作業の最小化を実現すべく、圧縮機製作工場にて、ガスタービン（駆動機）、圧縮機（被駆動機）及び補機類を一体化して、モジュールとして出荷する提案をした。これまでモジュール化した実績のない大型サイズの圧縮機であったため、海上輸送、陸上輸送及び据付時の各条件を考慮した強度解析を行うとともに、運転開始時及び通常運転時の振動解析やメンテナンス性・運転操作性の検証を実施した。その結果、モジュールの強度やメンテナンス・運転操作性に問題のないことを検証できたので本提案を採用した。 【技術的成果】計画どおりに基本設計業務が完了し、EPC（詳細設計・調達・工事）業務を受注できた。

注記：ここでは、実際の合格者が受験申込書に記載した具体的な国名の代わりに某国として、このプロジェクトを遂行した会社名が特定できないようにしました。

(6) 加工・生産システム・産業機械　専門とする事項：製造ラインの基本設計

業務内容の詳細

当該業務での立場、役割、成果等
【業務の目的】機械部品のモデルチェンジによる既設製造ラインの改造設計および必要な機器の導入計画を行う業務である。 【私の立場と役割】新製造ライン導入プロジェクトのプロジェクトマネージャーとして、製造ライン全体の改造設計から必要な機器の調達、ライン設置工事まで一連の業務を最高責任者として遂行した。 【技術的内容及び課題】部品のモデルチェンジのための生産ライン停止期間が3か月と限定されている中で、既設生産機器の健全性評価と必要な保守、新規に導入する機器の仕様決定、及び生産ラインのシステム構築を行わなければならないという課題があった。 【技術的な提案】まず、既設機器改造に必要な対応項目を抽出し、目に見える形で機器ごとにリスト化した。既設機器で転用するものは、予め過去の不具合及び保守記録を点検し、ライン停止期間に実施すべき保守項目を抽出した。新規に導入する機器及び制御システムは、想定する生産プロセス、能力から候補となるモデルを選定し、その機器仕様を評価した。限られた期間で最終仕様を確定するための手法として、製造ラインの流れをコンピュータでシミュレーションすることにより、転用機器の改造量を最小化するための機器の配置や新規導入機器の仕様を決定した。これら一連の手法を提案し、採用された。 【技術的成果】ライン停止前の期間における設計期間ではシミュレーション導入の結果、早期に各機器仕様を確定でき、新たな生産ラインを最適化することができた。また、早期に設計を確定できたことから、限られた停止期間ですべての改造工事と検査を終えることができた。

(7) 想定される質問（参考）

参考として、「業務内容の詳細」に対する想定される口頭試験での質問を以下のとおり記載しておきます。

① 開発に関わる多様な関係者とのコミュニケーションをどのようにとられたか、実例を教えてください。
② 関係する技術者とはどのようなコミュニケーションをとりましたか？
③ これまでの業務の中で、結果を評価して他の業務に生かした事例を教えてください。
④ これまでの業務の中でマネジメント能力を発揮した事例を教えてください。
⑤ 設計・製造・顧客など様々な関係者がいますが、利害をどのように調整しましたか？
⑥ 業務遂行において、リーダーシップを発揮した事例を説明してください。
⑦ これまでの業務経歴の中で、最もリーダーシップを発揮できた具体的事例を説明してください。
⑧ これまでの業務経歴の中で、多様な関係者との意思疎通をどのように行ってきたか、具体的に説明してください。
⑨ 多様な利害を調整した事例を説明してください。
⑩ これまでの業務経歴の中で結果をどのように評価し、他の業務につなげてきましたか？

おわりに

著者の大原良友氏とはこれまで10冊を超える本を共著で出版してきましたが、今回は、監修者の代表作ともいえる『例題練習で身につく技術士第二次試験論文の書き方』（以下、原著）の機械部門特化版というべき書籍を共著で出版することになりました。原著は、近年の技術者の論文力の低下を憂いて2008年に出版され、現在第7版まで継続して出版されている書籍で、技術士試験論文の書き方の基本を説明した本になります。どうしてこの本をベースに機械部門に特化した書籍を出版しようと考えたかと言いますと、機械部門は令和元年度までは合格率が対受験者数比で20%を超えており、技術士第二次試験の技術部門の中では高い合格率を示していました。また、受験申込者数も毎年度1千人を超えるような状況が続いており、機械部門の技術士は急激に増加していました。ところが、ここ数年は受験申込者数が1千人を割る状況となるだけでなく、対受験者数比の合格率も20%を下回る状況が続いています。

一方、技術士第二次試験はこれまで数回の改正を経て、どんな内容が出題されるかわからない試験から、出題される問題の「概念」、「出題内容」、「評価項目」が全ての科目で公表され、それに基づいて問題が出題される形式になりました。そのため、平成時代のように突飛な問題が出題されることがなくなり、しっかり勉強していれば想定される範囲の問題が出題されるようになっています。こういった背景を考察すると、機械部門の受験者の問題読解力および論文作成能力が低下しているのではないかという懸念を持つようになりました。これまで大原氏と共著で出版してきた書籍は、過去に出題された問題の分析と、機械部門における潮流を確認することを目的とした書籍でしたが、この度は、論文作成の基本と出題された問題の分析、および問題が出題されている背景の確認を中心に内容構成を検討してみました。

最初の導入部である論文の書き方の部分では、答案を作成する際の心構えを中心に、読みやすい論文の書き方の基本を身につけてもらえるような内容にしてあります。それに続く章では、機械部門に限らず、令和元年度の試験改正以降で問題文の解読が苦手な受験者が見受けられるようになっていますので、その点について強化を図ってみました。

現在の試験では、公表されている「技術士に求められる資質能力（コンピテンシー）」に基づいて試験問題が作成されていますし、それぞれの試験科目でどの資質が試されているかも公表されています。その内容を十分に理解して解答しなければ合格点に達しない結果になりますので、公開された情報をしっかり頭に入れて、本番の試験で実力を存分に発揮してもらえるよう配慮しました。なお、説明だけでは理解度が上がらない場合もありますので、少ない量ではありますが、具体的な問題を例題として示したり、実際に読者自身が説明した内容を実践してもらう部分も含めてあります。

第6章では、毎年公表されている白書等の公の資料の内容を著者らが読んで、機械部門の技術者に関係すると考えられる内容をピックアップしています。この内容は、出題されると考えられる事項の背景を知識として獲得するだけではなく、多面的な視点で解答を検討できるようになるための資料としても活用してください。

本著を使って、多くの皆さんが夏の筆記試験で手ごたえのある論文を作成され、晴れて口頭試験に挑戦されることを、心からお祈り申し上げます。

最後に、本著の企画から編集までを担当していただいた日刊工業新聞社出版局の鈴木徹氏に、この場を借りて感謝申し上げます。

2024年2月

福田　遵

監修者紹介——

福田　遵（ふくだ　じゅん）

技術士（総合技術監理部門、電気電子部門）

1979年3月東京工業大学工学部電気・電子工学科卒業

同年4月千代田化工建設(株) 入社

2000年4月明豊ファシリティワークス(株) 入社

2002年10月アマノ(株) 入社、パーキング事業部副本部長

2013年4月アマノメンテナンスエンジニアリング(株) 副社長

2021年4月福田遵技術士事務所代表

公益社団法人日本技術士会青年技術士懇談会代表幹事、企業内技術士委員会委員、神奈川県支部修習技術者支援委員会委員などを歴任

日本技術士会、電気学会、電気設備学会会員

資格：技術士（総合技術監理部門、電気電子部門)、エネルギー管理士、監理技術者（電気、電気通信)、宅地建物取引士、認定ファシリティマネジャー等

著書：『例題練習で身につく技術士第二次試験論文の書き方　第7版』、『技術士第二次試験「口頭試験」受験必修ガイド　第6版』、『技術士第二次試験「電気電子部門」論文作成のための必修知識』、『技術士第二次試験「電気電子部門」過去問題〈論文試験たっぷり100問〉の要点と万全対策』、『技術士第一次試験「基礎科目」標準テキスト　第4版』、『技術士第一次試験「適性科目」標準テキスト　第2版』、『技術士第一次試験「電気電子部門」択一式問題200選　第7版』、『技術士第二次試験「総合技術監理部門」標準テキスト　第3版』、『技術士第二次試験「総合技術監理部門」択一式問題150選＆論文試験対策　第2版』、『トコトンやさしい電線・ケーブルの本』、『トコトンやさしい電気設備の本』、『トコトンやさしい発電・送電の本』、『トコトンやさしい熱利用の本』（日刊工業新聞社）等

著者紹介――

大原　良友（おおはら　よしとも）

技術士（総合技術監理部門、機械部門）

大原技術士事務所　代表（元エンジニアリング会社勤務　主席技師長）

所属学会：日本技術士会（CPD認定会員）、日本機械学会

学会・団体の委員活動：（現在活動中のもの）

一般社団法人・日本溶接協会：化学機械溶接研究委員会・幹事兼圧力設備テキストWG主査、規格委員会・専門委員、圧力設備サステナブル保安部会・WG

国土交通省：中央建設工事紛争審査会・特別委員

学会・団体の委員活動：（過去に歴任した主なもの）

一般社団法人・日本機械学会：産業・化学機械と安全部門　部門長

一般社団法人・神奈川県高圧ガス保安協会：理事兼エンジニアリング部長

一般社団法人・高圧力技術協会：規格委員会　委員長

公益社団法人・日本技術士会：男女共同参画推進委員会　委員

公益社団法人・日本技術士会：プロジェクトチーム　企業内技術士交流会　行事部会長など

資格：技術士（総合技術監理部門、機械部門）、監理技術者（機械）、米国PM協会・PMP試験合格

著書：『技術士第二次試験「機械部門」対策と問題予想　第4版』、『技術士第二次試験「機械部門」択一式問題150選　第3版』、『技術士第二次試験「機械部門」解答例と練習問題　第2版』、『技術士第二次試験「機械部門」要点と〈論文試験〉解答例』、『技術士第二次試験「機械部門」過去問題〈論文試験たっぷり100問〉の要点と万全対策』、『技術士第二次試験「筆記試験」突破講座』（共著）、『技術士第一次試験「機械部門」専門科目受験必修テキスト　第4版』、『技術士第一次試験「機械部門」合格への厳選100問　第5版』、『建設技術者・機械技術者〈実務〉必携便利帳』（共著）、トコトンやさしい「圧力容器の本」（日刊工業新聞社）

取得特許：特許第2885572号「圧力容器」など10数件

受賞：日本機械学会：産業・化学機械と安全部門　部門功績賞（2008年7月）

神奈川県高圧ガス保安協会：感謝状（2019年11月）など数件

例題練習で身につく
技術士第二次試験「機械部門」論文の書き方　NDC 507.3

2024年　4月10日　初版1刷発行　（定価は、カバーに表示してあります）

監　修　福田　遵
©著　者　大原良友
発行者　井水治博
発行所　日刊工業新聞社
東京都中央区日本橋小網町14-1
（郵便番号 103-8548）
電話　書籍編集部　03-5644-7490
販売・管理部　03-5644-7403
FAX　03-5644-7400
振替口座　00190-2-186076
URL　https://pub.nikkan.co.jp/
e-mail　info_shuppan@nikkan.tech

印刷・製本　美研プリンティング
組　版　メディアクロス

落丁・乱丁本はお取り替えいたします。　2024 Printed in Japan

ISBN 978-4-526-08336-5 C3053

本書の無断複写は、著作権法上での例外を除き、禁じられています。